Der TOMATEN-flüsterer

Thomas Seidl

avBUCH

Liebe Leserin,

wir freuen uns, dass wir Ihnen mit unserem Buch neue Inspiration liefern dürfen und hoffen, es wird ihnen gefallen.
Weitere Leseabenteuer mit verbriefter Fachinformation finden Sie auf www.cadmos.de
Wenn Sie mit uns in Verbindung treten oder deine Erfahrungen teilen möchten, dann tun Sie das bitte unter:
https://www.facebook.com/cadmosverlag, https://www.instagram.com/cadmosverlag oder per Mail an info@cadmos.at

Wir freuen uns schon jetzt über Ihr Feedback!

ISBN: 978-3-99183-068-9

Viel Freude mit diesem Buch wünscht Ihnen das CADMOS-Team:

Autor: Thomas Seidl

Projektleitung/Lektorat: Brigitte Schweinegger, BS Verlagsconsulting

Covergestaltung, grafisches Konzept und Satz: Gerlinde Gröll, www.gggraphicdesign.at

Coverfotos: Karrikatur am Cover (KI gestützt nach Foto von Thomas Seidl)
Illustrationen: Shutterstock / Magician ART, Natykach Nataliia

Fotos im Buchkern: Thomas Seidl, so nicht anders genannt

Wir übernehmen Verantwortung:

Dieses Buch wurde anhand ausgewählter Qualitätskriterien ressourcenschonend und schadstofffrei in Cadmos Qualität für Sie hergestellt. Das verwendete Papier für Kern und Cover ist FSC®-zertifiziert. Gedruckt und gebunden wurde dieses Buch in der EU (wir wollen lange Transportwege vermeiden), bei GRASPO (www.graspo.com).

FSC
www.fsc.org
MIX
Papier | Fördert gute Waldnutzung
Paper | Supporting responsible forestry
FSC® C010798

Uns ist wichtig:

Gender-Erklärung: Alle Geschlechter sollen sich gleichermaßen wahrgenommen und wertgeschätzt fühlen. Im Sinne eines flüssigen Lesevergnügens verzichten wir jedoch auf die Verwendung von geschlechterspezifischen Sprachformen (m/w/d). Sämtliche Personenbezeichnungen gelten gleichermaßen für alle Geschlechter!

Thomas Seidl

Der TOMATENflüsterer

Eine Liebeserklärung an den Paradiesapfel:

120 SORTEN

in kunterbunten Farben
und verrückten Formen

INHALT

crazy
tomato

VORWORT

Weltweit gibt es über 30.000 Sorten Tomaten, manche gehen sogar von über 100.000 Sorten aus. Diese enorme Sortenvielfalt mag viele überraschen, schaut man sich im Supermarkt in den Regalen um, dann kann man mit Glück fünf verschiedene Sorten entdecken, die eigentlich immer rot und meistens rund sind. Tomaten gibt es aber in den unterschiedlichsten Farben, angefangen von weiß bis fast schwarz. Viele Sorten sind nicht einheitlich gefärbt, sondern weisen einen schönen Farbverlauf auf, etwa von Gelb auf Rot. Neben der unglaublichen Farbenvielfalt gibt es auch eine enorme Vielfalt an Formen. Die klassischen runden Tomaten werden ergänzt durch ovale, birnen- oder beutelförmige, längliche, flachrunde, gerippte oder herzförmige Sorten.

In diesem Buch möchte ich euch die enorme Vielfalt an Tomatensorten näherbringen und euch die verrücktesten Früchte abseits der runden, roten Einheitstomate vorstellen. Dabei handelt es sich um eine Auswahl, die ich in unserem Garten am Mondsee in den letzten Jahren angepflanzt habe.

Ich wünsche euch viel Freude beim Entdecken der verrückten Tomaten!

Euer Tomatenflüsterer

Thomas Seidl

Wie ich auf die verrückten Tomaten kam

Mit dem Anbau von Tomaten und anderem Gemüse habe ich 2012 angefangen. Da wusste ich noch nicht, wie sich diese Leidenschaft entwickeln würde. Ich war und bin mit den angebotenen Tomaten im Supermarkt nicht zufrieden – sie schmecken einfach nach gar nichts. Auch bei allem Übrigen, sei es Gemüse oder Obst, ist die Auswahl sehr bescheiden.
Also beschlossen meine Frau und ich, unsere große Gartenfläche für den Anbau von Obst und Gemüse zu nutzen. Das ist bei der teilweise steilen Hanglage gar nicht so einfach. Da kommt mir mein Studium der Landschaftsplanung und Landschaftsökologie zugute. Im Hang werden einfach Terrassen angelegt, wo die Tomaten eine Extraportion Sonne abbekommen. Auch der Anbau in erhöhten Beeten ist sehr zum Vorteil der Tomaten, Paprika & Chilis.

Meine ersten 20 Tomatensorten habe ich bei Ebay ersteigert und war erstaunt, was es da für eine Vielfalt gibt. Und vor allem erkannten wir, wie gut selbst angebaute Tomaten eigentlich schmecken können. Das war der Beginn meiner Sammelleidenschaft. Seitdem wird jedes Jahr die Vielfalt und auch die Anbaufläche erweitert.
Das ist auch zwingend nötig, schließlich sollen alle Sorten aus meiner umfangreichen Sammlung mit über 3.000 Tomatensorten und etwa 800 Sorten Paprika und Chilis irgendwann angebaut werden. Dieses Projekt ist auf viele Jahre ausgelegt – gut 300 Sorten Tomaten und 150 Sorten Paprika und Chilis baue ich jedes Jahr an..
Wie bin ich nun zum Namen „Tomatenflüsterer“ gekommen? Das Klima in Mondsee ist nicht gerade günstig für Tomaten, es regnet einfach zu viel, und trotzdem gelingt es mir,

mit gutem Erfolg Tomaten anzubauen. Ein Gast meinte deshalb, ich hätte ein besonderes Geheimnis, etwas, das ich den Tomaten zuflüstere, damit sie so gut wachsen.
So wie der „Pferdeflüsterer" eine außergewöhnliche Gabe im Umgang mit Pferden hat, so hätte auch ich eine besondere Gabe im Umgang mit den Tomaten – ich sei ein echter „Tomatenflüsterer".
Mein Wunsch ist es, dass möglichst viele Menschen sich vom guten Geschmack überzeugen lassen und die wunderbaren, teils auch verrückten Sorten in ihrem Garten anbauen. Dadurch leisten wir einen großen Beitrag zur Erhaltung der Sortenvielfalt. Auf meinem YouTube-Kanal stelle ich jedes Jahr Tomaten, Paprika und Chilis in kleinen Videoporträts vor. Bewegte Bilder sind einfach die beste Werbung. Daneben gibt es in unserem Onlineshop zu jeder Sorte eine ausführliche Beschreibung. So kann sich jeder seine Lieblingssorten aussuchen und selbst anbauen.
Man muss schon etwas verrückt sein, so viele Sorten anzubauen. Dafür wird man aber mit einer unglaublich verrückten Vielfalt belohnt.Und jede Sorte schmeckt tatsächlich anders.

Über 300 außergewöhnliche Tomatensorten baue ich jährlich an.

Die Geschichte der verrückten Tomaten

Die Geschichte der verrückten Tomaten beginnt bei den indigenen Völkern Mittel- und Südamerikas. Diese kultivierten bereits eine beachtliche Anzahl an Tomatensorten. Einen Teil dieser Vielfalt brachten die Spanier nach der Entdeckung Amerikas mit nach Europa, wo sie wegen der schönen Blüten zunächst als reine Zierpflanzen betrachtet wurden.

Unter den ersten Sorten war bereits eine kleine Formen- und Farbenvielfalt vertreten. So ist eine der ältesten dokumentierten Tomaten eine gelbe kleine Rundtomate. 'Poma Amoris Minora Lutea', der „kleine gelbe Liebesapfel". Diese wurde erstmals 1553 erwähnt. Angebaut hat man sie damals in Padua in Italien, im *Hortus Botanicus*, dem ältesten botanischen Garten der Welt. Auch gerippte Varianten soll es damals schon gegeben haben. Die italienische Bezeichnung „pomodoro", „Goldapfel", geht ebenfalls auf eine gelbe Tomate zurück.

Das Wort Tomate hat übrigens den Ursprung bei den Azteken. Diese bezeichneten die Früchte der Tomatillos als „tomatl", der Name für die eigentlichen Tomaten war „xītomatl". Die spanischen Übersetzer nahmen es aber nicht so genau, und der Name „Tomate" wurde auf die nahe Verwandtschaft weitergegeben.

Von Spanien und Italien ausgehend wurde die Tomate nach und nach in vielen Teilen Europas angebaut. Besonders früh wurde sie auch in Deutschland kultiviert, und diese Tomaten sollen verschiedene Farben gehabt haben. Dass Tomaten genießbar sind, änderte sich aber erst im Laufe des 17. Jahrhunderts, wobei Italien als Vorreiter betrachtet werden kann. Um 1700 wurden dort Tomaten für die Zubereitung von Speisen verwendet.

Bis sie im übrigen Europa als Nahrungsmittel akzeptiert wurden, sollten noch fast 200 weitere Jahre vergehen. Um 1900 tauchten die Früchte jedenfalls schon auf Märkten in Deutschland und Österreich auf und wurden für Suppen und Saucen verwendet. Ab da war der Siegeszug der Tomate nicht mehr

Bereits bei den ersten in Europa angebauten Tomatensorten gab es gerippte Varianten.

Wegen der leuchtend gelben Blüten und des attraktiven Laubs wurden Tomaten in Europa anfangs als Zierpflanzen angebaut

aufzuhalten, und sie wurde das beliebteste Gemüse überhaupt.
Mit der steigenden Nachfrage kam der Ruf nach immer produktiveren Sorten und solchen mit guter Lager- und Transportfähigkeit. Die alten, vielfältigen Sorten konnten dies nicht erfüllen, und so begann die Züchtung der modernen, langweilig schmeckenden Hochleistungstomaten, die für mich unverständlicherweise alle rot und rund sind.
Aus der tollen alten Tomatenvielfalt hätte man doch ohne Weiteres eine neue Mannigfaltigkeit züchten können. Aber da sind wir als Konsumenten auch selbst schuld. Für viele muss eine Tomate heutzutage einfach rot und rund sein.
Doch es ist nicht alles verloren. Viele der alten Sorten gibt es noch, und bei den Neuzüchtungen habe ich oft das Gefühl, dass eine Sorte spektakulärer als die andere sein muss. Diese Vielfalt wird auch angenommen. Die Nachfrage nach roten Tomaten ist zwar immer noch sehr groß, aber immer mehr Menschen bauen in ihren eigenen Gärten lieber ungewöhnliche, verrückte Tomaten an.

Der Geschmack der verrückten Tomaten

Wie schmecken denn eigentlich diese verrückten Tomatensorten? Gleich vorweg kann man sagen: Alle schmecken besser als die meisten Sorten, die man im Supermarkt kaufen kann. Diese Tomaten wurden auf lange Haltbarkeit und Transportfähigkeit gezüchtet – guter Geschmack war dabei oft kein Ziel. Zudem müssen sie mit den Bedingungen in Gewächshäusern gut klarkommen. Außerdem werden sie häufig schon unreif geerntet und reifen erst beim Transport nach. Unter diesen Voraussetzungen können Tomaten nicht nach viel schmecken. Im Gegensatz dazu wird alles, was in unseren Gärten wächst, reif geerntet – so entwickelt sich das volle Aroma.

Chemisch gesehen entsteht der Tomatengeschmack durch Zucker, Säuren und Aromastoffe. Zucker sorgt naturgemäß für die Süße. Verschiedene Säuren wie Zitronen- oder Apfelsäure bringen Frische und Balance. Über 400 bekannte Aromastoffe – etwa Aldehyde, Alkohole oder Ketone – sind für den typischen Tomatenduft verantwortlich. Schließlich verstärken Glutaminsäure und Nukleotide, also Umami, die geschmackliche Intensität. Welcher Eindruck am Gaumen dominiert, hängt vom Zusammenspiel dieser Komponenten ab. Jeder Mensch nimmt Aromen individuell wahr und hat persönliche Vorlieben. Den Geschmack allgemein zu beschreiben, zählt für mich zu den schwierigsten Dingen bei den Sortenvorstellungen. Nicht alles, was mir zusagt, wird auch anderen gefallen. Kinder lieben vor allem süße Tomaten mit nur wenig Säure. Ich dagegen bevorzuge kräftige, würzige Sorten, bei denen die Süße nicht so vordergründig ist. Bei der riesigen Sortenvielfalt muss man sich einfach durchkosten und seine Favoriten finden. Die Beschreibungen in diesem Buch können dabei eine kleine Hilfe sein. Außerdem sollte man beachten, dass bestimmte Sorten für bestimmte Zwecke gezüchtet wurden. Die länglichen Sorten vom *San-Marzano*-Typ schmecken roh nach fast gar nichts, ergeben aber beim Einkochen eine tolle Sauce mit perfektem Aroma. Für einen Salat verwenden wir am liebsten säurebetonte Sorten und keine zuckersüßen Tomaten – das passt für uns einfach besser. Zum Snacken sind kleine Cocktailtomaten ideal, aber auch hier reicht das Spektrum von ganz süß bis eher säuerlich.

Wenn ich nacheinander die ganze Sortenvielfalt eines Jahres verkoste, stelle ich immer wieder fest: Wirklich jede Tomate hat ihren eigenen Charakter. Manchmal sind es nur feine Nuancen, manchmal aber auch extreme Unterschiede. Diese Unterschiede können übrigens selbst bei ein und derselben Sorte auftreten. Standortfaktoren wie Lichtintensität, Temperatur, Wasserverfügbarkeit und natürlich der Boden wirken sich auf das Aroma aus. Je nach Zeitpunkt im Jahr kann sich der Geschmack ebenfalls verändern – abhängig davon, welche Bedingungen zur Reife herrschen.

Den vollsten Genuss erzielt man bei Tomaten an einem vollsonnigen Standort. Möglichst wenig Gießen und nicht zu häufiges Düngen wirken sich positiv auf das Aroma aus. Und natürlich sollte man die Früchte immer vollreif ernten. Erntet man zu früh, ist der Geschmack noch nicht voll ausgeprägt, oft auch wässrig. Zudem ist das Fruchtfleisch eher hart. Wartet man zu lange, werden die Früchte oft mehlig und die Note ist einseitig süß.

Tomaten gibt es in vielen Formen und Farben - jede Sorte hat einen unverwechselbaren Geschmack.

Verrückte Tomatenvielfalt in Gefahr – ein Plädoyer

So schön diese bunte und verrückte Tomatenvielfalt auch ist – sie wird nur erhalten bleiben, wenn viele Menschen diese Sorten in ihren Gärten anbauen und auch weitergeben. Es ist zwar toll, wenn man wie ich eine große Sammlung von Sorten hat, doch die Samenkörner müssen alle paar Jahre in die Erde gebracht und neues Saatgut gewonnen werden. Die Samen von Tomaten sind lange keimfähig, bei guter Lagerung bis zu 50 Jahre, jedoch nimmt diese Keimfähigkeit im Laufe der Jahre ab, bis schließlich nichts mehr sprießt.

Durch ein Unglück kann auch mal eine ganze Sortensammlung verloren gehen, und spezielle Sorten sind dann womöglich endgültig verschwunden, wenn sie nur in den Händen von wenigen Sammlern existieren. Daher ist es auch mein Ziel, diese Vielfalt zu verbreiten und so viel Wissen wie möglich zu den einzelnen Sorten zu sammeln. Nur was man kennt, wird auch bewahrt werden – und je mehr Leute etwas besitzen, umso höher ist die Wahrscheinlichkeit, dass nichts verloren geht. Diese Vielfalt ist aber auch von anderer Seite bedroht. Der Handel mit Saatgut ist inner-

Die vielgestaltigen, alten Tomatensorten müssen bewahrt werden.

halb der EU durch das Saatgutverkehrsgesetz geregelt. Um Saatgut in den Verkauf bringen zu dürfen, bedarf es einer Zulassung und einer amtlichen Zertifizierung. So ein Antrag ist natürlich mit hohen Kosten verbunden und zeitaufwendig. Eine Tomatensorte erhält außerdem nur dann eine Zulassung, wenn sie „unterscheidbar, einheitlich und beständig" ist, also eine gewisse Homogenität der Früchte aufweist.

Das ist gerade bei vielen alten Sorten ein Problem, denn dort sind nicht alle Früchte gleich groß. Das Zuchtziel war nie, einheitlich große Tomaten hervorzubringen – es zählte immer nur der Geschmack, und Saatgut wurde von den besten Früchten gewonnen. Zwar gibt es die Möglichkeit, solche Sorten als sogenannte Erhaltungssorten anzumelden, doch bei der schieren Anzahl an Sorten ist das finanziell nicht tragbar. Die Europäische Union sollte eigentlich diese Vielfalt schützen und nicht durch unnötige Regularien zum Aussterben seltener Sorten beitragen.

Die meisten Shops für Tomatensaatgut verkaufen daher die Sorten als „Zierpflanzensaatgut". Zierpflanzen unterliegen nicht so strengen Regeln wie Obst- oder Gemüsepflanzen. So schließt sich der Kreis wieder: Was einst als Zierpflanze nach Europa kam, muss aufgrund von nicht nachvollziehbaren EU-Regeln als Zierpflanze verkauft werden. Hier möchte ich Irina Zacharias zitieren, die jahrelang einen erfolgreichen Onlineshop für Saatgut geführt hat:

„Die angebotenen Sorten geben wir ausdrücklich als Sammelobjekte oder Zierpflanzen ab, denn dafür sind sie ja mit viel Aufwand gezüchtet worden. Zu Genusszwecken dürfen sie keinesfalls verwendet werden – das ist aber kulinarisch sehr schade. Unsere Hunde haben Tomaten zum Fressen gerne!"

Die Pflanzen brauchen für die Anzucht viel Licht, ein sonniger Wintergarten ist dafür ideal.

Tipps für die erfolgreiche Anzucht

Die meisten der in diesem Buch vorgestellten Sorten wird man in keinem Geschäft oder in keiner Gärtnerei als vorgezogene Pflanzen finden. Da heißt es: selbst Pflanzen aus Samenkörnern ziehen. Das ist gar nicht so schwer, und mit meinen Tipps sollte das jedem gelingen.

Der richtige Zeitpunkt für die Voranzucht ist sechs bis acht Wochen vor dem Auspflanzen ins Freiland. Das dürfte bei den meisten um den 15. Mai herum sein, also nach den Eisheiligen. Die Temperaturen sollten dann nicht mehr unter fünf Grad fallen, um die Jungpflanzen nicht zu schädigen. Das heißt, wir beginnen mit dem Vorziehen Mitte bis Ende März. Hat man ein beheiztes Gewächshaus oder ein besonders günstiges Klima, kann man auch etwas früher anfangen.

Für das Aussäen empfehle ich Anzuchtschalen oder Quickpotplatten. Diese werden mit spezieller Anzuchterde befüllt. Sie ist locker, nährstoffarm und durchlässig – ideal für ein gutes Wurzelwachstum. Man kann natürlich auch magere Erde aus dem Garten verwenden. Ich befeuchte die Erde vor dem Ausbringen der Samenkörner kräftig und drücke die Samen in einem guten Abstand dann einfach in die Erde. So erspart man sich das Angießen, bei dem die Körnchen nur zu leicht aufgeschwemmt werden können. Nach etwa vier Tagen sollten die ersten Keimlinge zu sehen sein, es kann aber auch mal zwei Wochen dauern.

Nach der erfolgreichen Keimung gilt es, einen geeigneten Standort für die Pflanzschalen zu finden. Dieser sollte so hell wie möglich und am besten nicht zu warm sein. Wir ziehen die Tomaten in unserem südseitigen Wintergarten vor. Durch die großen Fenster bekommen die Pflanzen ausreichend Licht, und es ist auch nicht zu warm. So erhalten wir kleine, kompakte Pflanzen mit einem kräftigen Stängel. Bei ungünstigen Bedingungen schießen die Pflanzen regelrecht in die Höhe – sie vergeilen. Die dünnen Stiele können leicht abknicken, und die Pflanzen

sind insgesamt schwächer. Übrigens lässt ein südseitiges Fenster allein oft auch nicht genug Licht für eine erfolgreiche Anzucht durch. Da kann man sich mit einer Anzuchtlampe helfen.
Irgendwann wird der Platz in der Anzuchtschale für die vielen Jungpflanzen zu klein. Nach den Keimblättern entwickeln die Pflanzen sogenannte echte Blätter. Spätestens nach dem zweiten bis vierten echten Blattpaar sollte man sie pikieren und in einzelne Töpfe setzen. Ich warte da bewusst etwas länger, dann sind die jungen Pflanzen nicht mehr ganz so empfindlich. Die Töpfe werden mit guter, nährstoffreicher Erde befüllt. Gegossen werden die Jungpflanzen so wenig wie möglich. Dadurch wird das Wurzelwachstum gefördert, und man gewöhnt die Pflanzen an trockene Bedingungen.
Von den sogenannten Torftöpfchen kann ich nur abraten. Man erspart sich zwar das Pikieren, aber die Töpfchen trocknen relativ schnell aus und werden auch nur schlecht von den Wurzeln durchdrungen. Außerdem sind sie ökologisch nicht nachhaltig.
Hat man alles richtig gemacht, sollte man Ende April kräftige, kompakte Pflanzen haben. Nun muss man diese langsam an Sonne, Wind und Temperaturunterschiede gewöhnen. Moderne Fenster filtern einen Großteil des UV-Lichtes heraus – und an genau diese Strahlung müssen sich die Tomaten erst anpassen, sonst bekommen sie, genau wie wir, einen Sonnenbrand.
Daher werden die Pflanzen ab Ende April sukzessive an die harten Bedingungen draußen gewöhnt. Zu Beginn stellen wir sie nur für eine halbe Stunde in den Halbschatten. Täglich steigern wir dann die „Dosis“, bis sie schließlich nach etwa zwei Wochen die volle Sonne gewohnt sind. Die Tomaten sind nun gut vorbereitet für das harte Leben draußen.

Die Gewöhnung der Jungpflanzen an das Außenleben erfolgt schrittweise, je nach Klima, ab Ende April.

Tomaten auspflanzen

Die gut abgehärteten Pflanzen werden Mitte bis Ende Mai ausgepflanzt. Bei kleinwüchsigen Buschtomaten empfiehlt sich ein Abstand von 50 - 60 cm, während man die groß wachsenden Stabtomaten mindestens 70 - 80 cm auseinandersetzen sollte. So hat jede Pflanze genügend Platz zum Wurzeln.
Für die Topfkultur empfehle ich für kleine Zwergsorten Gefäße ab 20 Liter, größere Sorten sollten in 40 - 70 Liter große Töpfe gesetzt werden. Tomaten lieben einen lockeren, humusreichen und wasserdurchlässigen Boden mit nicht zu hohem Lehmanteil. Für jede Tomate wird ein tiefes Pflanzloch ausgehoben und die untersten Blätter werden entfernt.
Die Pflanze setzt man leicht schräg und tief ein. Teile des Stängels, die unter die Erde kommen, können so zusätzliche Wurzeln ausbilden.
Kräftiges Angießen sorgt dafür, dass sich die Erde gut an den Wurzelballen anschmiegt. Jede Pflanze wird anschließend noch locker an einen Stab angebunden.

An Spalieren oder Stäben kann man die einzelnen Triebe der Tomaten gut hochleiten.

Verrückte Tomaten richtig anbauen

Eine der häufigsten Fragen, die uns Gartenbesucher stellen, ist: „Warum schmecken die Tomaten bei euch so gut, und warum sind eure Pflanzen so produktiv und gesund?" Die kurze Antwort: „Weil wir die Tomaten größtenteils einfach ohne viel Tamtam wachsen lassen." – „Aber Tomaten brauchen doch viel Pflege!", hören wir dann oft als Einwand.

Und genau das ist der Punkt: Wir bauen unsere Tomaten nicht nach Lehrbuch an. In den meisten Tomatenbüchern oder auch auf vielen Internetseiten werden Tomaten als besonders pflegeintensiv beschrieben. Warum erzähle ich dann etwas völlig anderes? In den fast 15 Jahren, in denen ich nun Tomaten anbaue, habe ich den einen oder anderen Tomatenbauern besucht und viele eigene Erfahrungen gesammelt. Daraus habe ich die für mich praktikabelsten und besten Anbaumethoden abgeleitet.

„Am besten" heißt für mich nicht nur, möglichst gute und viele Tomaten zu ernten, sondern dabei auch so wenig wie möglich Aufwand zu betreiben. Denn auch ich habe ein Leben abseits der Tomaten.

Keine Panik bei hängenden Blättern, das halten die Tomaten gut aus. Sollten sie am nächsten Morgen immer noch schlapp sein, dann sollte man ausnahmsweise etwas Gießen.

Tomaten gießen

Bei meinen Vorträgen frage ich immer, wer denn seine Tomaten gießt – und wie oft. Fast alle zeigen auf, und viele gießen ihre Pflanzen täglich oder sogar noch öfter. Wenn ich dann erzähle, dass ich meine Tomaten in den Freilandbeeten nur beim Auspflanzen gieße, geht meist ein Raunen durch den Raum.

Fast überall werden Tomaten als Kultur mit großem Wasserbedarf beschrieben. Das leuchtet vielen ein, schließlich besteht die Frucht neben den gesunden Inhaltsstoffen zu 95 Prozent aus Wasser. Und dieses Wasser muss ja irgendwoher kommen. Folglich wird unbeirrt fleißig weiter gegossen - meistens ohne weiter darüber nachzudenken.

Im Jahr 2015 habe ich zum ersten Mal den Paradeiser-Pionier Erich Stekovics im Burgenland besucht. Er baut auf seinen Feldern eine enorme Vielfalt an Tomatensorten an. Diese werden den ganzen Sommer über nicht gegossen – und vertrocknen trotzdem nicht. Wie

kann es zu einem derart bemerkenswerten Gegensatz kommen?
Das Geheimnis liegt in der Tomatenpflanze selbst. Täglich gegossene Pflanzen entwickeln nur wenige, oberflächennahe Wurzeln. Die reichen völlig aus, es kommt ja ständig Wasser nach. Ganz anders verhält es sich, wenn eine Tomate gezwungen wird, selbst nach Wasser zu suchen: Dann entwickelt sie lange, kräftige Wurzeln. Wissenschaftler haben herausgefunden, dass Tomaten bis zu zwei Meter tief wurzeln können. In solch einer Tiefe ist fast immer Wasser vorhanden.
Vielleicht wäre der Irrglaube vom hohen Wasserbedarf nie aufgekommen, wenn man den ursprünglichen Lebensraum der Tomate bedacht hätte. Sie wächst nicht in regenreichen Dschungeln oder Sumpfgebieten. Vielmehr stammt sie aus trockenen, steinigen Halbwüsten. Dort ist es überlebenswichtig, kräftige Wurzeln auszubilden. Eine weitere Anpassung an solche Lebensräume sind übrigens die feinen Härchen, die die Tomate über und über bedecken. Dieser Flaum wirkt als effektiver Verdunstungsschutz.
Die meisten Tomatenzüchter wissen, dass die Blätter möglichst nicht nass werden sollen, weil sonst leicht Pilzerkrankungen auftreten. Doch wenn die Blätter nicht nass werden dürfen – woher sollte dann das ganze Wasser kommen, das die Pflanze angeblich braucht? In einer regenreichen Gegend würde eine Tomate nicht lange überleben. Sie könnte höchstens in einem Sumpfgebiet gedeihen. Wer seine Tomaten also nicht zu viel gießt, sondern ihnen vertraut und sich auf ihre ursprünglichen Fähigkeiten besinnt, wird mit gesunden Pflanzen und besonders aromatischen Früchten belohnt.

Tomaten ausgeizen

Ein weiterer kontroverser Punkt ist das sogenannte Ausgeizen der Tomaten. Dabei werden die Seitentriebe, die sich in den Blattachseln bilden, sukzessive entfernt. „Stabtomaten müssen ausgegeizt werden, Buschtomaten nicht" – ein gerne zitierter Satz, den viele befolgen. Ich gehe hier einen anderen Weg: Meine Tomaten dürfen mit ganz vielen Trieben wachsen. Eine reiche Ernte zeigt mir jedes Jahr, dass das ohne weiteres möglich und auch sehr erfolgreich ist.
Welche Argumente werden gerne für das Ausgeizen angeführt?
Durch das Ausgeizen werden die Triebe und Fruchtansätze insgesamt reduziert. An den Geiztrieben bilden sich oft nur kleinere Früchte, die noch dazu schlecht ausreifen. Es entsteht eine enorme Blattmasse, die der Pflanze angeblich die Energie für die Entwicklung der Früchte nimmt. Für einen guten Geschmack sollen die Früchte so viel Sonne wie möglich abbekommen – da sind viele Triebe mit Blättern natürlich hinderlich. Außerdem heißt es, eine ausgegeizte Pflanze sei weniger anfällig für Pilzerkrankungen, da sie schneller abtrocknen könne. An sich sind das alles plausible Argumente – das meiste davon ist aber grundsätzlich falsch.
Um das zu widerlegen, möchte ich wieder meinen Besuch bei Erich Stekovics erwähnen. Bei ihm wachsen die Pflanzen am Feld liegend auf dem Boden. Da wird nichts ausgegeizt oder weggeschnitten – und die Ernte ist einfach gigantisch. Eine Tomatenpflanze kann am Saisonende eine Fläche von bis zu 16 m^2 belegen, die Triebe sind dann vier bis fünf Meter lang. Diese Anbaumethode müsste eigentlich nur schlechte Erträge und mangelhafte Fruchtqualität hervorbringen. Ich kann euch aber versichern: Es waren die besten Tomaten, die ich bis dahin gegessen hatte.
Man meint es gut mit dem Ausgeizen, doch die Pilzanfälligkeit der Tomaten bei feuchtem Wetter ist ohnehin immer gegeben. Gleichzeitig nimmt man der Pflanze viel an Wuchskraft. Die Energie fürs Wachstum wird in den Blättern durch die Fotosynthese erzeugt. Weniger Triebe bedeuten also auch weniger Kraft. Die ausgegeizten Tomaten bleiben viel kleiner und entwickeln nur ein schwaches

Unsere Tomatenpflanzen geizen wir nur gezielt aus, sie werden so besonders kräftig.

Wurzelsystem. Im Gegensatz dazu sind mehrtriebige oder völlig unausgegeizte Pflanzen kräftig und können auch die Mehrzahl an Früchten gut versorgen. Die höhere Verdunstung durch mehr Blattmasse fördert zusätzlich das Wurzelwachstum, was die Pflanzen stärkt. Die Tomate kann sich also gut an den höheren Bedarf anpassen.

Und wie ist das mit dem Sonnenlicht?

Dass Tomaten übrigens direktes Sonnenlicht zum Reifen brauchen, ist ein Irrtum. Am besten reifen die Früchte im Schutz der Blätter und sind so vor Sonnenbrand geschützt. Die Reifung hängt zum größten Teil von der Temperatur ab: Je wärmer es ist, desto schneller reifen die Früchte. Das geht in der prallen Sonne zwar etwas schneller, gleichzeitig können die Tomaten dort aber auch regelrecht gekocht werden. Da lassen wir sie lieber gut abgedeckt von den Blättern langsam reifen. Und was langsam reift, entwickelt mehr Aroma – das gilt für den Wein genauso wie für die Tomate.

Warme, sonnenlichtdurchflutete Standorte fördern das Wachstum der Pflanzen. Die Früchte mögen den Schatten der Blätter.

Tomaten entblättern

Eine weitere, oft angewendete Kulturmethode bei den Tomaten ist das Entfernen oder Einkürzen von Blättern. Die Idee dahinter: Die ganze „Kraft" soll nicht in die Blätter wandern, sondern den Früchten zugutekommen. Doch auch hier wird die Pflanzenphysiologie völlig missverstanden.
Natürlich werden für das Wachsen der Blätter Energie und Nährstoffe benötigt. Sind die Blätter aber einmal ausgebildet, produzieren sie ein Vielfaches von dem, was ihr Aufbau gekostet hat. Schneidet man nun rigoros die „Kraftwerke" der Pflanze weg, war die ganze Mühe umsonst. Interessanterweise wird diese Kulturmethode fast ausschließlich bei Tomaten angewandt. Kein Obstbauer käme auf die Idee, von seinem Apfelbaum die Blätter herunterzureißen, damit bessere Äpfel reifen könnten.

Tomaten hochleiten

Leider ist es im Großteil Mitteleuropas nicht möglich, Tomaten so zu kultivieren wie im Burgenland oder in Süditalien – einfach am Acker liegend auf dem Boden. Dafür gibt es hier zu viele Niederschläge, und ein dichtes Laubwerk trocknet nur schwer ab. Daher baue ich sämtliche Tomaten an einem Spalier an. Dabei werden die Triebe an Stangen oder Schnüren hochgeleitet. So stehen die Pflanzen luftiger und kommen mit Regenwetter deutlich besser zurecht.

Die wichtigsten Tomatenkrankheiten

Verrückte Tomaten werden leider genauso von Krankheiten befallen wie herkömmliche. Vor allem bei ungünstigen Standortbedingungen, schlechter Witterung oder falscher Pflege kann die eine oder andere Krankheit auftreten.

Braunfäule

Die Braunfäule ist eine der am meisten gefürchteten Tomatenkrankheiten. Sie wird durch den Pilz *Phytophthora infestans* verursacht und tritt verstärkt bei feuchten Bedingungen und niedrigen Temperaturen auf. Auf den Blättern und Stängeln bilden sich schwarze Flecken, und auf den Tomaten entstehen braun-schwarze, matschige Stellen, die die Früchte ungenießbar machen.
Ein wirkungsvoller Schutz ist der Anbau der Tomaten unter einem Dach oder im Folientunnel – solange auch dort die Luftfeuchtigkeit nicht zu hoch wird. Für den Anbau im Freiland empfiehlt es sich, die Pflanzen luftig zu halten, damit sie nach einem Regen gut abtrocknen können. Der Anbau an einem Spalier hat sich dabei sehr bewährt: Einzelne Triebe können gut hochgeleitet werden und hängen nicht kreuz und quer.
Im unteren Bereich sollte man ein paar Blätter entfernen, um die Durchlüftung zu verbessern. Auf keinen Fall sollte man die Tomaten jedoch stark entblättern – das schwächt die Pflanzen und macht sie anfälliger für Braunfäule. Eine kräftige Tomatenpflanze kann sich oft gut selbst dagegen wehren.
Sollte doch einmal ein Befall auftreten, kann man die Pflanzen mit einer Backpulvermischung (8 g Backpulver auf 1 l Wasser) besprühen. Das Backpulver sorgt dafür, dass der Pilz austrocknet. Bei wochenlangem Dauerregen ist man allerdings machtlos – das ist einfach kein Tomatenwetter.
Kommt es zu starkem Befall, ist die Saison leider beendet. Das Pflanzenmaterial muss man entgegen der verbreiteten Meinung nicht gesondert kompostieren. Der Pilz überlebt nur an lebenden Pflanzenteilen; eine Ansteckung erfolgt zum größten Teil über Sporen in der Luft.

Blütenendfäule

Bei der Blütenendfäule bilden sich braune Stellen auf den Tomaten, vor allem an der Unterseite oder Spitze. Ursache ist ein Mangel an Kalzium, das für die Stabilität der Zellwände wichtig ist. Bei einer Unterversorgung kann Gewebe absterben.
Die Gründe sind vielfältig. Meist tritt die Mangelerscheinung bei Tomaten in Töpfen auf – besonders dann, wenn diese zu klein sind. Dann können die Pflanzen über die wenigen Wurzeln nicht genug Wasser und somit Kalzium aufnehmen. Bei hohen Temperaturen verdunstet zusätzlich viel Wasser über die Blätter, wodurch es in den Früchten zu Engpässen kommt. Ist der Boden zu stark mit Stickstoff gedüngt, kann das die Kalziumaufnahme blockieren.
Zu guter Letzt gibt es Sorten, die besonders empfindlich für Blütenendfäule sind – vor allem längliche Tomaten. Was kann man dagegen tun? Tomaten sollten nicht in zu kleinen Töpfen wachsen, und empfindliche Sorten pflanzt man besser direkt ins Beet. Eine Blattdüngung mit einem Flüssigdünger kann den gefährdeten Pflanzen rasch verfügbares Kalzium bringen.

Die Braunfäule kann bei widrigen Bedingungen den Ertrag ganzer Pflanzungen vernichten.

Oder man wartet einfach ab: Blütenendfäule tritt fast ausschließlich zu Beginn der Saison auf, wenn das Wurzelsystem noch schwach ist. Mit der Zeit wachsen die Wurzeln weiter und können mehr Nährstoffe aufnehmen – das Problem löst sich also oft von selbst.

Einen Mythos möchte ich an dieser Stelle noch auflösen: Oft wird empfohlen, Tomaten mit Kalziumbrausetabletten zu gießen. Das darin enthaltene Kalzium ist für Pflanzen jedoch gar nicht verfügbar. Kalzium ist zudem in den meisten Böden ohnehin ausreichend vorhanden. Eine kräftige Pflanze mit gut ausgebildetem Wurzelsystem bekommt keine Probleme mit Blütenendfäule.

Weitere Pilzkrankheiten und tierische Schädlinge

Die sogenannte Dürrfleckenkrankheit tritt vor allem in warmen, feuchten Sommern auf und wird durch den Pilz *Alternaria solani* verursacht. Zuerst zeigen sich auf den Blättern braune Flecken mit typischen konzentrischen Ringen; nach und nach stirbt das umliegende Gewebe ab. Später wird auch der Stängel befallen, nur selten die Früchte selbst.

Die betroffenen Blätter werden nach und nach abgeworfen, wodurch die Photosynthese vermindert wird. Die Tomaten sind dann ungeschützt der Sonneneinstrahlung ausgesetzt. Für die Pflanzen ist dieser Pilz kein Todesurteil, der Ertrag kann aber deutlich gemindert werden. Stark befallene Blätter sollte man daher rasch entfernen. Eine Spritzung mit einer Backpulvermischung kann den Pilzbefall verlangsamen.

Die Samtfleckenkrankheit tritt überwiegend in Gewächshäusern bei hoher Luftfeuchtigkeit auf. Auf der Oberseite der Blätter bilden sich gelbliche Flecken, während auf der Unterseite ein samtartiger Pilzrasen entsteht – daher der Name. Die betroffenen Blätter vertrocknen, was zu einer Schwächung der Pflanze führt; die Früchte werden in der Regel nicht befallen.

Als Vorbeugung empfiehlt es sich, die Luftfeuchtigkeit im Gewächshaus so gering wie

Die Dürrfleckenkrankheit befällt die Blätter der Pflanze und nicht die Früchte.

Blütenendfäule erkennt man an braunen Stellen, häufig an der Unterseite der Tomaten.

möglich zu halten, also regelmäßig zu lüften und für ausreichenden Pflanzabstand zu sorgen. Tritt die Pilzinfektion auf, entfernt man am besten stark befallene Blätter und lichtet die Pflanzen insgesamt etwas aus.
Spinnmilben zählen zu den lästigen tierischen Schädlingen an Tomaten. Diese winzigen Spinnentiere sind mit bloßem Auge kaum erkennbar. Sie sitzen bevorzugt an der Blattunterseite und saugen den Pflanzensaft. Die Blätter bekommen dadurch helle Sprenkel und sterben ab. Bei starkem Befall erkennt man feine Spinnfäden zwischen den Blättern und Trieben.
Stellt man einen Befall fest, kann man die Blattunterseiten kräftig abspritzen und so den Befall eindämmen. Feuchte Bedingungen mögen Spinnmilben gar nicht. Auch Schmierseife- oder Neemölpräparate können helfen. Als biologische Maßnahme empfiehlt sich außerdem der Einsatz von Raubmilben.

Alles außer rund –

Tomaten mit ausgefallenen Fruchtformen

Wenn man im Supermarkt Tomaten kaufen möchte, findet man fast ausschließlich runde Sorten. Mit etwas Glück entdeckt man vielleicht eine ovale oder birnenförmige Variante. Doch die Welt der Tomaten hat so viel mehr zu bieten – der Formenvielfalt sind nahezu keine Grenzen gesetzt. Es gibt paprikaförmige Tomaten, Sorten mit beutelförmigen Früchten, herzförmige Typen, stark in die Länge gezogene Flaschentomaten oder besonders ausgeprägt gerippte Formen.

Reisetomaten

Eine äußerst kuriose Form der Tomaten stellen die sogenannten Reisetomaten dar. Bei den Früchten können einzelne Segmente der Früchte einfach herunter gebrochen werden, ohne dass Saft austritt. Der botanische Fachausdruck dafür ist „Fasziation“. Ein Wachstumspunkt beginnt, sich anormal zu vermehren, daher handelt es sich nicht um eine Ansammlung einzelner zusammengefügter Kirschtomaten, wie manche Leute anne hmen, sondern um eine einzelne mutierte Frucht. Der Legende nach soll sie von Zugreisenden in Russland gerne als Reiseproviant mitgenommen worden sein. In Wahrheit stammt die ursprüngliche Sorte aus Guatemala. Leider ist die rote Variante absolut geschmacklos und nicht zu empfehlen. Einigen Züchtern ist es aber gelungen, durchwegs gut schmeckende Reisetomaten zu züchten.

Phil´s One

'Phil´s One' ist eine Kreuzung mit der roten Reisetomate, durchgeführt von Philippe Rommens aus Frankreich. Da die ursprüngliche rote Reisetomate nur wenig Aroma hat, versuchte Philippe vor allem, den Geschmack zu verbessern.
Diese neu gezüchtete gelbe Reisetomate schmeckt um Längen besser – mild-süß mit leicht säuerlichen Noten. 'Phil´s One' ist wohl eine der ungewöhnlichsten Tomatensorten, die man anbauen kann. Manche Früchte sind so stark verwachsen, dass sie fast wie kleine Gehirne aussehen.

factbox

Herkunft: Frankreich
Größe/Gewicht: 50–100 g
Farbe: gelb
Fruchtform: variabel
Reifezeit: mittelfrüh (70 Tage)
Geschmack: mild-süß
Laubform: normal
Wuchshöhe: ± 1,5 m
Züchter: Philippe Rommens

Phil´s Two

Die grüne Reisetomate 'Phil's Two' ist das Pendant zur gelben 'Phil's One' – nur eben in Grün – und stammt ebenfalls von Philippe Rommens. Im Aussehen ist sie ebenso skurril wie die rote oder gelbe Variante. 'Phil's Two' schmeckt jedoch etwas würziger als die gelbe Form. Welche der beiden man anbauen möchte, ist letztlich Geschmackssache.
Es wird übrigens weiterhin fleißig an neuen Farben gearbeitet; eine mehrfarbige Variante ist bereits in Entwicklung

factbox

Herkunft: Frankreich
Größe/Gewicht: 50–100 g
Farbe: grün
Fruchtform: variabel
Reifezeit: mittelfrüh (70 Tage)
Geschmack: süß-fruchtig
Laubform: normal
Wuchshöhe: ± 1,5 m
Züchter: Philippe Rommens

Godzilla

'Godzilla' soll von Gary Cass aus den USA stammen. Laut dem Tomatenzüchter Gary Ibsen handelt es sich jedoch um eine Sorte aus Deutschland oder Österreich. Das erscheint mir wenig plausibel – die Herkunft bleibt also unklar.
Die Fruchtform entspricht der Reisetomate. Da diese jedoch eher fade schmeckt, empfiehlt es sich, gleich die Weiterzüchtung anzubauen.

factbox

Herkunft: unbekannt
Größe/Gewicht: 50–150 g
Farbe: rot
Fruchtform: variabel
Reifezeit: mittelspät (75 Tage)
Geschmack: süß-sauer
Laubform: normal
Wuchshöhe: ± 1,5 m
Züchter: unbekannt

'Godzilla' ist deutlich aromatischer: keine Geschmacksoffenbarung, aber die angenehme Süße in Kombination mit einer leichten Säurenote ergibt ein durchaus rundes Aroma. Die meisten werden diese Sorte allerdings ohnehin wegen ihrer außergewöhnlichen Optik anbauen – erstaunte Gesichter sind garantiert.

Weitere Sorten:
'Phil´s Tricolor', 'Rote Reisetomate'

Behaarte Tomaten

Eine Tomatenpflanze ist immer über und über mit feinen Haaren bedeckt – manche Sorten stärker, andere weniger. Die Früchte hingegen sind normalerweise glatt. Das trifft jedoch nicht auf alle zu: Einige Sorten bilden flauschig behaarte Früchte, die sich fast wie ein Pfirsich anfühlen. Auf den Geschmack hat diese Behaarung allerdings keinen Einfluss. Die meisten behaarten Sorten zeigen zudem eine deutlich stärkere Behaarung der gesamten Pflanze. Laub und Stängel schimmern dadurch oft blau- bis graugrün. Auch wenn viele behaarte Sorten als besonders robust gelten, sollte man sie eher geschützt anbauen – nach einem Regenguss trocknen sie nur schwer ab.

Abrikos

'Abrikos' (Абрикос) ist eine sehr seltene Sorte aus Litauen. Die gesamte Pflanze, einschließlich der Früchte, ist intensiv behaart; das Laub zeigt einen bläulich-wolligen Schimmer. Womöglich ist 'Abrikos' die größte bekannte Sorte mit behaarten Früchten – zumindest ist mir keine größere bekannt. Die Sorte ist sehr produktiv und zugleich robust, sollte aber dennoch eher geschützt angebaut werden. Durch die dichte Behaarung trocknet die Pflanze nach Regen nur langsam ab, und die großen Früchte benötigen etwas mehr Zeit, um auszureifen. 'Abrikos' ist eine außergewöhnliche Sorte – mit ihren samtigen Früchten zieht sie alle Blicke auf sich. Und das Beste: Sie schmeckt hervorragend.

factbox

Herkunft: Litauen
Größe/Gewicht: 250–500 g
Farbe: rot
Fruchtform: flachrund
Reifezeit: mittelspät (75 Tage)
Geschmack: mild-fruchtig
Laubform: normal
Wuchshöhe: +/-2,0 m
Züchter: unbekannt

Foto © Melanie Grabner/lilatomate.at

Angora Super Sweet

'Angora Super Sweet' wurde von Joe Bratka aus New Jersey, USA, entwickelt. Er schickte den Samen 1996 unter dem Namen „Velvet Red" an Carolyn Male in New York. Die gesamte Pflanze ist flauschig behaart wie ein Pfirsich, das Laub zeigt einen bläulich-grünen Schimmer.

Der Name ist bei dieser Sorte Programm: Die Tomaten schmecken zuckersüß, sind sehr saftig und – wie bei einem Angora-Kaninchen – samtig weich behaart. Der Anbau auf dem Balkon in größeren Töpfen gelingt problemlos. Mit diesen kleinen, samtig weichen „Kugeln" kann man sicher jeden beeindrucken. Und Kinder werden diese supersüßen Tomaten einfach lieben!

factbox

Herkunft: USA
Größe/Gewicht: 15–25 g
Farbe: rot
Fruchtform: rund
Reifezeit: mittelfrüh (70 Tage)
Geschmack: süß
Laubform: normal
Wuchshöhe: ± 1,5 m
Züchter: Joe Bratka

Abrikosovyy Lapot

'Abrikosovyy Lapot', zu Deutsch „Aprikosenbastschuh", ist wahrscheinlich eine Züchtung aus Russland. „Lapot" bezeichnet einen bäuerlichen Flechtschuh, „Abrikosovyy" bedeutet Aprikose.
Die Früchte sind stark behaart, ebenso Stiel und Laub, die sich weich und samtig anfühlen. Das himbeerrote Fruchtfleisch ist sehr saftig und schmeckt angenehm mild. Die ovalen bis herzförmigen Früchte erreichen ein Gewicht von etwa 100 bis 200 g.
Von allen „Pfirsichtomaten" ist diese Sorte wohl eine der am stärksten behaarten. Die ausgesprochen produktiven Pflanzen sind robust und eignen sich auch gut für den Anbau im Freiland.

factbox

Herkunft: Russland?
Größe/Gewicht: 100–200 g
Farbe: rot
Fruchtform: oval-herzförmig
Reifezeit: mittelspät (75 Tage)
Geschmack: mild
Laubform: normal
Wuchshöhe: 1,5–2,0 m
Züchter: unbekannt

Dwarf Furry Bumblebee

'Dwarf Furry Bumblebee' ist aus einer Kreuzung von 'Seattles Blue Wooly Mammoth' mit einer unbekannten Sorte hervorgegangen. Federführend war der belgische Tomatenzüchter Pascal Moreau. Der Name bedeutet „Pelzige Zwerghummel" – und tatsächlich erinnert die Pflanze mit ihrem dichten Flaum und den kompakten Früchten ein wenig daran.
Die kräftigen Pflanzen erreichen eine Höhe von etwa 60 cm. Stängel und Blätter sind stark behaart, wodurch die Sträucher einen schönen bläulichen Farbton erhalten. Auch die ovalen Früchte sind dicht behaart und werden etwa 50–80 g schwer. Ihr Geschmack ist angenehm süß, und die weiche Behaarung ist beim Verzehr überhaupt nicht störend. Nach der Ernte lassen sich die Früchte zudem gut lagern.
Die „Pelzige Zwerghummel" ist eine außergewöhnliche Sorte, die garantiert für Gesprächsstoff sorgt – und sie schmeckt auch noch hervorragend!

factbox

Herkunft: Belgien
Größe/Gewicht: 50-80 g
Farbe: rot
Fruchtform: rund-oval
Reifezeit: mittelspät (75 Tage)
Geschmack: süß
Laubform: normal
Wuchshöhe: ± 0,6 m
Züchter: Pascal Moreau

Loaghtan Woolies

'Loaghtan Woolies' ist eine sehr seltene Sorte mit unbekannter Herkunft. Benannt ist sie vermutlich nach den Schafen auf der Isle of Man, den „Woolies". Das Wort *Loaghtan* stammt von den Manx-Wörtern *lugh dhoan*, die „mausbraun" bedeuten und damit die Farbe beschreiben.
Die Tomaten sind intensiv behaart und fühlen sich angenehm weich an. Sie wiegen etwa 100–180 g.

Die abgeflachten, braun gefärbten Früchte zeigen leichte grüne Streifen und besitzen einen dezenten Anthoanteil, also eine zarte violette Färbung. Der Geschmack ist süß, leicht säuerlich und angenehm würzig.
Die kompakten Pflanzen mit kräftigen Stielen erreichen eine Höhe von etwa 1,2–1,5 m.

Weitere Sorten: 'Persik ', 'Wooly Green Zebra', 'Pink Furry Boar', 'Elma Blue'

factbox

Herkunft: unbekannt
Größe/Gewicht: 100–180 g
Farbe: grün-braun
Fruchtform: flachrund
Reifezeit: spät (80 Tage)
Geschmack: süß-reichhaltig
Laubform: normal
Wuchshöhe: ± 1,5 m
Züchter: unbekannt

Paprikatomaten

Die sogenannten Paprikatomaten nehmen unter den vielen Tomatensorten einen besonderen Platz ein. Ihren Namen tragen sie völlig zu Recht, denn sie sehen tatsächlich wie kleine Paprikaschoten aus. Schneidet man sie auf, zeigt sich auch innen die Ähnlichkeit: Sie sind hohl und besitzen eine dicke Fruchtwand. Die Samen sammeln sich im Zentrum und können samt Strunk leicht entfernt werden - damit eignen sich die Früchte, genau wie Paprika, perfekt zum Füllen. Schneidet man die Tomaten vorsichtig in vier Hälften, sieht die Anordnung der Samen sogar wie eine kleine Erdbeere aus. Paprikatomaten gibt es übrigens nicht nur in Rot, sondern auch in gelben und grünen Varianten.

Red Cavern

'Red Cavern' ist eine weitere Züchtung von Tom Wagner aus den USA. Andere Bezeichnungen für diese Sorte sind 'Striped Cavern' und 'Shimmeig Stoo'. Die gelb-rot gestreiften Früchte erreichen ein Gewicht von etwa 80–200 g und zählen damit zu den größeren Paprikatomaten.

Der Geschmack ist mild und leicht süß. Besonders gut eignen sich die Früchte zum Füllen – etwa mit Hackfleisch, Reis, Käse oder Kräutern. Anschließend kann man sie im Ofen backen oder auf dem Grill zubereiten; die dicken Fruchtwände sind stabil genug, dass die Tomaten dabei ihre Form behalten.
Die Pflanzen sind robust und gedeihen auch in kühleren Regionen zuverlässig.

factbox

Herkunft: USA
Größe/Gewicht: 80–200 g
Farbe: gelb-rot
Fruchtform: blockig
Reifezeit: mittelspät (75 Tage)
Geschmack: mild
Laubform: normal
Wuchshöhe: ± 1,8 m
Züchter: Tom Wagner

Drapée

'Drapée' ist eine gelbe, paprikaförmige Tomate, vermutlich aus Italien. Der Tomatensammler Pascal Moreau erhielt die Samen dieser Sorte von Francesca Fasse, die sie wiederum von einer italienischen Freundin bekam. Die Geschichte ihrer Verbreitung ist also wieder einmal verschlungen und spannend.

Die Fruchtform ist äußerst ungewöhnlich: Die Tomaten sehen aus wie kleine Paprikaschoten, sind stark gefaltet – fast wie „drapiert". Innen sind sie nahezu hohl; die wenigen Samen gruppieren sich, ähnlich wie bei einer Paprika, rund um den Stielansatz. Dadurch eignet sich die Sorte hervorragend zum Füllen oder für die Zubereitung von Saucen. Der Geschmack ist sehr mild und nahezu säurefrei.

factbox

Herkunft: Italien?
Größe/Gewicht: 120–220 g
Farbe: gelb
Fruchtform: blockig
Reifezeit: mittelspät (75 Tage)
Geschmack: mild
Laubform: normal
Wuchshöhe: ± 1,8 m
Züchter: unbekannt

Striped Green Bell

'Striped Green Bell' ist eine Heirloom-Sorte aus den USA. Die Früchte wiegen etwa 100–150 g, besitzen dicke Fruchtwände und bestehen – wie ein Paprika – aus drei bis vier Lappen. Kerne und Fruchtfleisch bilden einen kompakten Block direkt am Stielansatz, der sich zum Füllen leicht entfernen lässt. Die Tomaten sind gelb-grün gestreift und nehmen bei voller Reife einen ockergrünen Farbton an. Ihr Geschmack ist süß, mit einer dezenten Säurenote. 'Striped Green Bell' ist eine besonders dekorative Sorte mit auffälligen „Zebra"-Streifen, und eine tolle Ergänzung zu den gelben und roten Paprikatomaten.

factbox

Herkunft: USA
Größe/Gewicht: 100–150 g
Farbe: gelb-grün
Fruchtform: blockig
Reifezeit: mittelfrüh (70 Tage)
Geschmack: süß-säuerlich
Laubform: normal
Wuchshöhe: ± 1,5m
Züchter: unbekannt

Forshmak

'Forshmak' ist eine kommerzielle Paprikatomate aus Estland oder Russland. 'Forshmak' bezeichnet außerdem eine traditionelle Vorspeise aus gehacktem, meist gesalzenem Fisch oder Fleisch.
Die orange-roten Früchte sind teilweise hohl und enthalten nur wenige Samen. Sie eignen sich damit perfekt zum Füllen mit Reis oder Fleisch, und die dicken Fruchtwände bleiben auch beim Überbacken im Ofen fest. Der Geschmack ist mild, mit einer angenehmen Süße.
Die Pflanzen werden mittelhoch, bis etwa 1,60 m, und bilden ein dichtes Laubwerk. 'Forshmak' ist eine außergewöhnlich produktive Sorte, die zuverlässig Früchte bis zum ersten Frost trägt.

factbox

Herkunft: Estland oder Russland
Größe/Gewicht: 60–120 g
Farbe: orange-rot
Fruchtform: blockig
Reifezeit: mittelfrüh (70 Tage)
Geschmack: mild-süß
Laubform: normal
Wuchshöhe: ± 1,6 m
Züchter: unbekannt

Illusia

'Illusia' wurde von Gisok-Agro LLC in Russland gezüchtet und 2004 ins russische Staatsregister aufgenommen. Die Früchte erinnern im Aussehen an die Paprikasorte 'Novogoshary'.
Die dickwandigen Tomaten sind innen hohl. Die Samen sammeln sich, wie bei einem Paprika, in der Mitte beim Stielansatz. Damit ist sie eine perfekte Fülltomate: Einfach den Deckel und das Innenleben entfernen, und schon kann man sie nach Belieben füllen.
Der Geschmack ist mild, mit einer leichten Süße; Säure fehlt völlig. Die Pflanzen sind sehr ertragreich – da gehen sich einige Bratpfannen mit Tomaten aus.

factbox

Herkunft: Russland
Größe/Gewicht: 80–150 g
Farbe: gelb
Fruchtform: blockig
Reifezeit: mittelspät (75 Tage)
Geschmack: süß-sauer
Laubform: normal
Wuchshöhe: ± 1,5m
Züchter: Gisok-Agro LLC

Weitere Sorten: 'Liberty Bell', 'Doochova Yellow Pepper', 'Burgess Stuffing'

Gerippte Tomaten

Als die Spanier im 15. Jahrhundert die Tomate nach Europa brachten, befanden sich darunter bereits die ersten gerippten Sorten. Schon die Urvölker Amerikas hatten solche Tomaten kultiviert. In Italien wurden daraus besonders viele gerippte Formen gezüchtet, die oft den Namen *Costoluto* tragen – abgeleitet von „costa", der Rippe. Auch in anderen Ländern sind diese Sorten sehr beliebt, was die große Vielfalt an Züchtungen zeigt. Neben ihrem ungewöhnlichen Aussehen überzeugen sie meist mit einem ausgewogenen, aromatischen Geschmack. Eine gerippte Sorte darf bei uns in keinem Anbaujahr fehlen.

Morskaya Zvezda

'Morskaya Zvezda' wurde von einem gewissen Kulik A. I. in Russland gezüchtet. Der Name bedeutet so viel wie „Seestern" – und der passt perfekt zu den runden, stark gerippten Früchten. Bis zu 8 Tomaten hängen in einer Rispe beisammen, und es werden so viele gebildet, dass es wie ein richtiger Früchtehaufen aussieht. Die Früchte sind leicht hohl, enthalten wenig Saft und schmecken angenehm süß. Der „Seestern" ist eine universell einsetzbare Tomate. Wie wäre es, die Früchte in Scheiben zu schneiden und schön auf einem Teller anzurichten? Die Gäste werden begeistert sein.

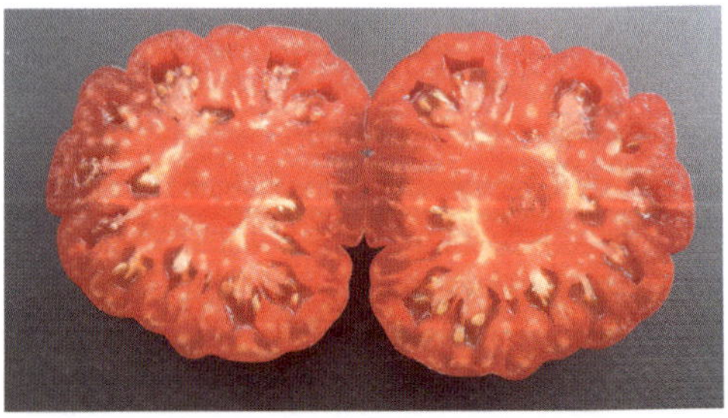

factbox

Herkunft: Russland
Größe/Gewicht: 150–500 g
Farbe: rosa
Fruchtform: gerippt
Reifezeit: mittelspät (75 Tage)
Geschmack: mild-süß
Laubform: normal
Wuchshöhe: ± 1,8 m
Züchter: Kulik A.I.

Korrogo

'Korrogo' ist eine seltene Sorte aus Afrika, genauer gesagt aus dem Senegal. Die stark gerippten Früchte werden etwa 40–80 g schwer und hängen in Rispen mit jeweils 3–5 Stück beieinander. Im Geschmack überwiegt eine leicht saure Note. Die Sorte ist gut an heißes und feuchtes Klima angepasst und verträgt daher auch reichlich Regen. 'Korrogo' eignet sich hervorragend zum Einkochen oder Trocknen. Es besteht eine große Ähnlichkeit zur Sorte 'Trèfle du Togo' – ich vermute, beide sind eng miteinander verwandt. Für den Frischverzehr ist 'Korrogo' zwar weniger geeignet, dafür aber eine optisch auffällige Sorte und in vielen afrikanischen Gerichten ein vielseitig verwendbarer Bestandteil.

factbox

Herkunft: Senegal
Größe/Gewicht: 40–80 g
Farbe: rot
Fruchtform: gerippt
Reifezeit: mittelfrüh (70 Tage)
Geschmack: süß-sauer
Laubform: normal
Wuchshöhe: ± 1,8 m
Züchter: unbekannt

Ballen Multiflora

Zu 'Ballen Multiflora' gibt es eine nette Geschichte: Eine gewisse Celina Zetterstrøm kaufte im Hafen von Ballen in Dänemark Tomaten zum Frühstück. Da sie ihr so gut schmeckten, sammelte sie einige

factbox

Herkunft: Dänemark?
Größe/Gewicht: 15–25 g
Farbe: rot
Fruchtform: gerippt
Reifezeit: mittelfrüh (70 Tage)
Geschmack: ausgewogen
Laubform: normal
Wuchshöhe: ± 1,8 m
Züchter: unbekannt

Samen und zog daraus neue Pflanzen. Die Sorte erhielt schließlich den Namen des Ortes, an dem sie entdeckt wurde.

Die Pflanzen bilden große Rispen mit zahlreichen, teils stark gerippten Früchten. Diese hängen in beeindruckend großen Trauben an der Pflanze. Das Fruchtfleisch ist sehr fest, ebenso die Haut. Der Geschmack ist klassisch aromatisch mit einer ausgewogenen Zucker-Säure-Balance.

'Ballen Multiflora' ähnelt stark der Sorte 'Cherry Accordeon'.

Jaune Côtelée de Montlouis

'Jaune Côtelée de Montlouis', die „gerippte Gelbe aus Montlouis", hat ihren Ursprung in Frankreich, in der Region Montlouis-sur-Loire. Die Sorte erinnert mit ihren stark gerippten Früchten an die verschiedenen italienischen Costoluto-Tomaten, reift jedoch gelb ab.

factbox

Herkunft: Frankreich
Größe/Gewicht: 150–250 g
Farbe: gelb
Fruchtform: flachrund-gerippt
Reifezeit: mittelspät (75 Tage)
Geschmack: mild
Laubform: normal
Wuchshöhe: ± 1,8 m
Züchter: unbekannt

Die Früchte besitzen ein dichtes, festes Fruchtfleisch und kleine Hohlkammern. Roh überzeugt der Geschmack nicht ganz; die Tomaten schmecken sehr mild, mit wenig Süße. Eingekocht jedoch ergeben sie eine herrlich gelbe Tomatensoße.
Die Pflanzen sind ausgesprochen produktiv und bringen über die gesamte Saison hinweg zuverlässig reiche Erträge.

Accordion Orange

'Accordion Orange' hat eine ausgeprägte Rippung und damit eine außergewöhnlich sehenswerte Form. Durch die vielen tiefen Furchen erinnert die Tomate an ein Akkordeon. Die Sorte wurde von B. Morazes aus Lancaster, Virginia, zufällig entdeckt – möglicherweise handelt es sich um eine Mutation von 'Pink Accordion', der sie sehr ähnlich ist.

Die Früchte können riesig werden; durch die zahlreichen Hohlkammern fällt das Gewicht jedoch geringer aus, als man vermuten würde. Die Sorte eignet sich ideal zum Füllen und Überbacken, schmeckt aber auch frisch hervorragend – mild und ausgewogen im Aroma.

Weitere Sorten: 'Costoluto Fiorentina', 'Cherry Accordeon', 'Riccio di Palma'

factbox

Herkunft: USA
Größe/Gewicht: 200–500 g
Farbe: orange
Fruchtform: gerippt
Reifezeit: spät (80 Tage)
Geschmack: mild
Laubform: normal
Wuchshöhe: +/-1,8 m
Züchter: unbekannt

Beutelförmige Tomaten

Beutelförmige oder birnenförmige Tomaten haben eine charakteristische bauchige Form, die an einen Sack oder eine Flasche erinnert. Diese Form entsteht durch unterschiedliche Zellteilungen und Zellstreckungen in den einzelnen Bereichen der Frucht. So bläht sich der untere Teil der Tomate auf, während der Hals schmaler bleibt. Zusätzlich zur Beutelform können die Früchte mehr oder weniger stark gerippt sein. Viele Sorten enthalten nur wenig Saft und eignen sich daher besonders gut zum Einkochen oder Trocknen.

Prozorlivyy Koldun

'Prozorlivyy Koldun' bedeutet übersetzt „der kluge Zauberer" und wurde von M. A. Ivantsov in der Ukraine gezüchtet. Die Sorte hat eine längere Entwicklungsgeschichte: Zuerst wurden die Sorten 'Sto Pudov' und 'Ivan Kupala' gekreuzt, daraus entstand die Sorte 'Koldun'. Diese wurde anschließend mit 'Serendipity Striped' weitergekreuzt.

factbox

Herkunft: Ukraine
Größe/Gewicht: 180–350 g
Farbe: gelb-orange
Fruchtform: beutelförmig
Reifezeit: mittelspät (75 Tage)
Geschmack: süß-reichhaltig
Laubform: normal
Wuchshöhe: ± 1,5 m
Züchter: M.A. Ivantsov

Die Früchte sind außen und innen orange-rosa gefärbt und besitzen eine schöne beutelförmige Gestalt. Ihr Gewicht liegt bei etwa 180–350 g. Der Geschmack ist ausgewogen, süß-säuerlich, und der Ertrag enorm – die ganze Pflanze hängt voller Früchte. „Der kluge Zauberer" ist eine der spannendsten Entdeckungen der letzten Jahre und hat auf ganzer Linie überzeugt. Sie hat inzwischen einen festen Stammplatz in unserem Garten.

Borsa Montone

'Borsa Montone' ist eine alte Sorte aus Italien, die in Valbisenzio seit der Nachkriegszeit angebaut wird. „Borsa" bedeutet Tasche und „montona" Schaf – übersetzt heißt die Sorte also so viel wie „Hammeltasche". Ich hoffe allerdings, dass sich der Name nicht auf ein anderes Körperteil des Hammels bezieht. Die Sorte wurde im Laufe der Zeit immer seltener angebaut und drohte zu verschwinden. Eine Initiative sorgte jedoch dafür, dass sie inzwischen wieder häufiger in den Gärten zu finden ist. Es besteht zudem eine gewisse Ähnlichkeit zur berühmten Sorte 'Canestrino' – möglicherweise handelt es sich sogar um eine ihrer Vorläuferinnen.

Die beutelförmigen Früchte erreichen ein Gewicht von etwa 100–200 g. Ihre auffällige Färbung sticht sofort ins Auge: eine rote Grundfarbe mit goldgelben Sprenkeln und feinen Verkorkungen, ganz ähnlich der Sorte 'Feuerwerk'. Der Geschmack ist klassisch – gutes, ehrliches Tomatenaroma ohne Schnörkel.

Wie eine so schöne Sorte fast in Vergessenheit geraten konnte, bleibt mir ein Rätsel. Neben ihrem wunderbaren Geschmack ist sie zudem ausgesprochen produktiv. Vielleicht war das etwas unregelmäßige, verkorkte Aussehen der Früchte ein Grund dafür – doch gerade das macht 'Borsa Montone' zu etwas ganz Besonderem. Diese Sorte darf nicht verloren gehen, und jeder sollte sie einmal anbauen.

factbox

Herkunft: Italien
Größe/Gewicht: 100–200 g
Farbe: orange-rot
Fruchtform: beutelförmig
Reifezeit: mittelspät (75 Tage)
Geschmack: klassisch
Laubform: normal
Wuchshöhe: ± 1,8 m
Züchter: unbekannt

Trifele Black

'Trifele Black' ist eine Sorte aus Russland. Oft trägt sie den Zusatz *Japonskiy* – welcher Zusammenhang dabei mit Japan bestehen soll, ist mir allerdings nicht bekannt.

Die Sorte zeichnet sich durch einen außergewöhnlich hohen Ertrag aus. Die kartoffelblättrige Pflanze trägt zahlreiche braune, birnenförmige Früchte mit

einem Gewicht von etwa 100–200 g. Der Geschmack zählt zu den besten unter den schwarzen Tomaten: fruchtig und würzig zugleich.

'Trifele Black' ist zudem sehr robust und kommt auch mit Regenwetter gut zurecht. Sie war eine der ersten Sorten in meiner Sammlung und wurde daher schon mehrfach angebaut. Für mich zählt sie bis heute zu den besten dunklen Tomaten überhaupt.

factbox

Herkunft: Russland
Größe/Gewicht: 100–200 g
Farbe: braun
Fruchtform: beutelförmig
Reifezeit: mittelfrüh (70 Tage)
Geschmack: fruchtig-würzig
Laubform: kartoffelblättrig
Wuchshöhe: 1,7–2,0 m
Züchter: unbekannt

Pomodoro del Nonno di Eupilio

'Pomodoro del Nonno di Eupilio' – Großvaters Tomate aus Eupilio – ist eine lokale Sorte aus der norditalienischen Region Lombardei. Die kleine Ortschaft Eupilio zählt rund 2.500 Einwohner; außerhalb Italiens ist diese Sorte praktisch unbekannt. Der Name verweist auf eine familiäre Herkunft, doch wer genau dieser Großvater aus Eupilio war, konnte ich leider nicht feststellen. Die Früchte haben eine interessante Form – rundlich-birnenförmig bis beutelförmig, mit kleinen Falten. Ihr Gewicht liegt bei etwa 200–350 g. Das Fruchtfleisch besitzt kaum Hohlräume, ist zart-buttrig und süß-mild im Geschmack.

In der traditionellen italienischen Küche findet diese Sorte vielseitige Verwendung. Sie ist ein Paradebeispiel für die Bedeutung der Erhaltung alter Tomatensorten und bietet uns die Möglichkeit, ein Stück italienischer Tomatenkultur zu erleben.

factbox

Herkunft: Italien
Größe/Gewicht: 200–350 g
Farbe: rot
Fruchtform: beutelförmig
Reifezeit: mitelspät (75 Tage)
Geschmack: süß-mild
Laubform: normal
Wuchshöhe: +/-1,8 m
Züchter: unbekannt

Tlacolula White

'Tlacolula White' ist eine alte Sorte aus der gleichnamigen Stadt Tlacolula im mexikanischen Bundesstaat Oaxaca. Zur weißen Variante gibt es leider keine genauen Angaben zur Herkunft oder zum Züchter. Es dürfte sich jedoch um eine Züchtung auf Basis der Stammsorte handeln, da die Fruchtform identisch ist.
Die birnen- bis beutelförmigen Früchte sind leicht hohl und besitzen ein sehr festes Fruchtfleisch. Ihr

factbox

Herkunft: Mexiko?
Größe/Gewicht: 100–250 g
Farbe: weiß
Fruchtform: beutelförmig
Reifezeit: mittelspät (75 Tage)
Geschmack: süß-mild
Laubform: normal
Wuchshöhe: 1,5–2,0 m
Züchter: unbekannt

Geschmack ist überraschend süß für diesen Fruchttyp, wodurch sich die Sorte nicht nur zum Einkochen, sondern auch hervorragend für den Frischverzehr oder zum Füllen eignet. Das Laub ist leicht bläulich und schön gezackt, die Pflanzen selbst sind kräftig und ausgesprochen robust.

Weitere Sorten:
'Zheltye Torbochki', 'Inzhir Rozovyy'

Längliche Tomaten - Flaschentomaten

Bei länglichen Tomaten, auch Flaschentomaten genannt, sind die Früchte stark in die Länge gezogen - bis zu 20 cm sind möglich. Die wohl bekannteste Sorte ist 'San Marzano' aus Italien. Wie die meisten Vertreter dieser Kategorie ist sie eine ausgezeichnete Tomate zum Einkochen.
Frisch schmeckt sie eher unspektakulär, doch beim Kochen entfalten sich ihre wunderbaren Aromen zu einer perfekten Tomatensauce. Natürlich gibt es auch unter den Flaschentomaten Sorten für den Frischgenuss - und dass dabei alle möglichen Farben vertreten sind, brauche ich wohl nicht extra zu erwähnen.

Dyadya Styopa

'Dyadya Styopa', auf Deutsch „Onkel Styopa", stammt von sibirischen Tomatenzüchtern und wurde 2012 in das russische Staatsregister aufgenommen. Der Name bezieht sich auf die sehr langen Früchte und spielt auf einen großen Polizisten aus einer bekannten Gedichtreihe von Sergey Mikhalkov an. Die fleischigen Früchte enthalten nur wenige Samen und können eine Länge von bis zu 20 cm erreichen. Jeweils 3-5 Tomaten hängen an einer Rispe, und die Pflanze ist ausgesprochen produktiv. Der Geschmack ist erfrischend süß und würzig - sehr ungewöhnlich für diesen Fruchttyp. Unter den Flaschentomaten zählt 'Dyadya Styopa' zu den ertragreichsten Sorten überhaupt.

factbox

Herkunft: Russland
Größe/Gewicht: 100-250 g
Farbe: rot
Fruchtform: länglich
Reifezeit: mittelspät (75 Tage)
Geschmack: süß-würzig
Laubform: länglich
Wuchshöhe: ± 1,8 m
Züchter: unbekannt

Alter Kommunist

Bei 'Alter Kommunist' handelt es sich um eine Züchtung von Theo Schulz, die er noch zu Zeiten der DDR entwickelt hat. Die Pflanze wächst wie eine große Buschtomate und erreicht eine Höhe von etwa 1,5 m. Die Früchte besitzen eine feste Haut und ein dichtes, pastöses Fruchtfleisch mit nur wenigen Samen. Dennoch ist es keine reine Einkochtomate: Ihr süß-würziger Geschmack macht sie auch frisch zu einem echten Genuss. Eine gewisse Ähnlichkeit mit dem 'Andenhorn' lässt sich nicht leugnen – vielleicht diente sie sogar als Grundlage der Züchtung. Geschmacklich steht der Kommunist ihr jedoch in nichts nach.
Und noch ein Tipp: Man sollte am besten zwei Alte Kommunisten pflanzen – dann ist der Ertrag gleich doppelt so hoch!

factbox

Herkunft: Deutschland
Größe/Gewicht: 80–120 g
Farbe: rot
Fruchtform: länglich
Reifezeit: mittelspät (75 Tage)
Geschmack: süß-würzig
Laubform: normal
Wuchshöhe: ± 1,5m
Züchter: Theo Schulz

Bananu

'Bananu' macht ihrem Namen alle Ehre und erinnert tatsächlich an eine kleine Banane. Die länglichen, gelben Früchte weisen oft eine leichte Krümmung

factbox

Herkunft: Russland
Größe/Gewicht: 80–150 g
Farbe: gelb
Fruchtform: länglich
Reifezeit: mittelspät (75 Tage)
Geschmack: mild-süß
Laubform: normal
Wuchshöhe: ± 1,6 m
Züchter: unbekannt

auf, ganz wie ihr exotisches Vorbild. Das hellgelbe Fruchtfleisch ist sehr dicht und enthält nur wenige Samen, der Geschmack ist mild-süß.
'Bananu' ist ein wahrer Massenträger, und die Früchte bleiben auch nach der Ernte noch lange haltbar. Diese ungewöhnliche Züchtung stammt übrigens aus Russland – kein typisches Anbauland für Bananen, aber für kreative Tomaten allemal.

Cow's Tit

'Cow's Tit' ist eine Sorte, die zwischen einer Anpflanzung von 'Mountain Pride'- und 'Better Boy'-Pflanzen entdeckt wurde und auf den Fund von Keith Mueller zurückgeht. Ein Bauer meinte damals, die Früchte sähen aus wie „Kuhzitzen" – auf Englisch „cow's tits" – und so war der Name geboren.
Die klassisch roten Früchte können bis zu 20 cm lang werden, sind leicht gebogen und zylindrisch geformt. Das durchschnittliche Gewicht liegt bei 100–200 g, einzelne Exemplare erreichen sogar über 300 g. Das dicke Fruchtfleisch enthält nur wenige Samen und schmeckt ausgesprochen süß.
Anders als viele andere längliche Sorten eignet sich 'Cow's Tit' auch hervorragend für den Frischverzehr. Die Pflanzen besitzen ein feines Blattwerk, wachsen kräftig und sind sehr ertragreich. Zudem lassen sich die Früchte nach der Ernte noch lange lagern.

factbox

Herkunft: USA
Größe/Gewicht: 100–200 g
Farbe: rot
Fruchtform: länglich
Reifezeit: mittelspät (75 Tage)
Geschmack: mild-süß
Laubform: normal
Wuchshöhe: ± 1,8 m
Züchter: unbekannt

Pirkstine Orange

'Pirkstine Orange' stammt aus Lettland. Der Name bedeutet übersetzt so viel wie „orange Finger" – treffend gewählt, denn die Früchte sind auffallend langgezogen. Die festen, fleischigen Tomaten enthalten nur wenige Kerne und eignen sich hervorragend zum Einkochen oder zum Konservieren ganzer Früchte. Geschmacklich dominiert eine angenehme Süße. Die Pflanzen sind sehr robust und bringen eine beachtliche Anzahl an Früchten hervor. 'Pirkstine Orange' ist eine schöne Abwechslung zu den meist roten Einkochtomaten und ergibt ein wunderbar leuchtend oranges Sugo.

Weitere Sorten: 'Yellow Fire', 'Buratino', 'La Flappa', 'Andenhorn', 'Red Mustang'

factbox

Herkunft: Lettland
Größe/Gewicht: 70–120 g
Farbe: orange
Fruchtform: länglich-oval
Reifezeit: mittelspät (75 Tage)
Geschmack: mild-süß
Laubform: normal
Wuchshöhe: ± 1,8 m
Züchter: unbekannt

Herzförmige Tomaten

Von allen Tomatenformen finde ich die herzförmigen Sorten am schönsten. Viele haben sicher schon vom „Ochsenherz" gehört – das sind große, herzförmige Fleischtomaten. Aufgrund ihrer beachtlichen Größe liegt der Vergleich zu einem Ochsenherz nahe. Doch auch unter den kleineren Sorten gibt es zahlreiche mit einer eleganten Herzform. Von perfekt geformten, schlanken Herzen bis hin zu plumpen, leicht gerippten Exemplaren ist in dieser Kategorie alles vertreten.

Bull´s Heart Orange

'Bull's Heart Orange' wurde Anfang der 2000er-Jahre in Nordamerika von Andrey Baranowsky aus Minsk eingeführt. Die russische Züchtung trägt viele Namen in den jeweiligen Landessprachen – *Bych'ye Serdtse Oranzhe'oye* auf Russisch oder *Orange Oxheart* sind die gebräuchlichsten Bezeichnungen. Die leuchtend orangen Ochsenherzen erreichen ein Gewicht von etwa 250–500 g. Das saftige Fruchtfleisch ist zart schmelzend und enthält etwas mehr Samenkammern als die meisten anderen Ochsenherzen. Der Geschmack ist angenehm mild und süß. Die Pflanzen sind robust, und ein Anbau im Freiland ist auch in kühleren Regionen gut möglich.

factbox

Herkunft: Russland
Größe/Gewicht: 200–500 g
Farbe: orange
Fruchtform: herzförmig
Reifezeit: mittelspät (75 Tage)
Geschmack: mild-süß
Laubform: normal
Wuchshöhe: ± 2,0m
Züchter: unbekannt

Gardener Sweetheart

'Gardener Sweetheart' entstand aus einer Kreuzung der Cherrytomate 'Gardener's Delight Cherry' mit einer unbekannten Pastatomate. Entwickelt wurde sie von Will Bonsall aus den USA. Die Sorte bildet sehr lange Rispen mit 20–25 Früchten – und davon in beeindruckender Menge. Die gesamte Pflanze ist über und über mit Tomaten bedeckt, die wie ein roter Wasserfall herabhängen.

factbox

Herkunft: USA
Größe/Gewicht: 20–30 g
Farbe: rot
Fruchtform: herzförmig
Reifezeit: mittelspät (75 Tage)
Geschmack: süß-ausgewogen
Laubform: normal
Wuchshöhe: ± 1,8m
Züchter: Will Bonsall

Die kleinen herzförmigen Früchte sind ausgesprochen rissfest und besitzen eine dicke Haut. Man kann bequem warten, bis eine ganze Rispe ausgereift ist, und sie erst dann ernten. Der Geschmack ist wunderbar süß und ausgewogen.
'Gardener Sweetheart' zählt zu unseren absoluten Favoriten im Anbau. Und was gibt es Schöneres, als einen Teller voller kleiner herzförmiger Tomaten zu präsentieren?

True Colors

'True Colors' ist eine der fünf Sorten der „True North"-Serie von Karen Olivier. Sie entstand aus einer Kreuzung von 'Ludmilla Pink Heart' und 'Captain Lucky'. Viele Sorten von Karen sind kartoffelblättrig – so auch 'True Colors'. Auffällig ist zudem das stark hängende Laub, typisch für viele Ochsenherzsorten.

factbox

Herkunft: Kanada
Größe/Gewicht: 200–500 g
Farbe: grün-braun
Fruchtform: herzförmig
Reifezeit: mittelspät (75 Tage)
Geschmack: süß-würzig
Laubform: kartoffelblättrig
Wuchshöhe: ± 1,8m
Züchter: Karen Olivier

Schneidet man die braun-grünen Früchte auf, zeigt sich ein spektakuläres Farbspiel von Gelb über Grün bis Rosa. Geschmacklich zählt sie für mich zu den besten Fleischtomaten überhaupt: süß, aromatisch und mit einer feinen, leicht rauchigen Note.
Die Pflanzen sind zudem sehr produktiv und zeigen auch bei schlechtem Wetter eine bemerkenswerte Widerstandsfähigkeit.

Zolotye Gory Medeo

'Zolotye Gory Medeo', auf Deutsch „Goldene Berge von Medeo", ist eine seltene Sorte aus Kasachstan, gezüchtet von Vitaly Alifirov. Medeo ist ein Bergtal in Kasachstan und Namensgeber dieser außergewöhnlichen Tomate.

Die Früchte enthalten nur wenige Samen, dafür umso mehr von dem prachtvoll gefärbten Fruchtfleisch. Die gelb-orange Marmorierung wird von zarten rosa Streifen durchzogen. Geschmacklich ist diese Sorte ein Erlebnis – süß und fruchtig, mit einem feinen Aroma, das an Birne erinnert.

Die kräftigen Pflanzen mit ihren dicken Stielen können leicht eine Höhe von 2 m erreichen. 'Zolotye Gory Medeo' ist ein weiteres Highlight aus dem reichen Sortenschatz des leider bereits verstorbenen Vitaly Alifirov.

factbox

Herkunft: Kasachstan
Größe/Gewicht: 300–800 g
Farbe: gelb-orange
Fruchtform: herzförmig
Reifezeit: mittelspät (75 Tage)
Geschmack: süß-fruchtig
Laubform: normal
Wuchshöhe: ± 1,8m
Züchter: Vitaly Alifirov

Herztomate Rast

Die 'Herztomate Rast' wurde von Elfriede Eigenthaler auf einer ihrer Radtouren in Rumänien nahe der Ortschaft Rast bei einer Bäuerin entdeckt. Als Tausch für ein paar Tomaten wollte die Frau lediglich einige Zigaretten – so begann die Reise dieser besonderen Sorte. Rast liegt an der Donau im Südwesten Rumäniens. Die Sorte ist unglaublich produktiv: Die gesamte Pflanze hängt voll

mit rosa, herzförmigen Früchten mit einem Gewicht von etwa 100–200 g. Der Geschmack ist süß und fruchtig.
Um ein Haar wäre die 'Herztomate Rast' verloren gegangen – Elfi hatte nur noch vier Körner, die zum Glück alle gekeimt sind. Hoffentlich wird diese wunderbare Sorte künftig in vielen Gärten weitervermehrt, denn nur so lässt sich ihre Vielfalt erhalten.

factbox

Herkunft: Rumänien
Größe/Gewicht: 100–200 g
Farbe: rosa
Fruchtform: herzförmig
Reifezeit: mittelspät (75 Tage)
Geschmack: süß-fruchtig
Laubform: normal
Wuchshöhe: ± 1,8 m
Züchter: unbekannt

Marina´s Praise

'Marina's Praise', auf Deutsch „Marinas Lob", entstand aus einer Kreuzung von 'Variegated PL' und 'Orange Russian 117' unter der Regie von Jason Haynes. Er schickte Samen an Marina Kirishchova nach Russland zum Versuchsanbau und benannte die Sorte anschließend nach ihr.

Das Laub zeigt zu Beginn eine mehr oder weniger ausgeprägte Panaschierung, die mit zunehmendem Alter der Pflanze nachlässt. Die herzförmigen Früchte erreichen ein Gewicht von etwa 100–180 g. Ihr Fruchtfleisch zeigt ein leuchtendes Farbspiel aus Gelb, Orange und Rosa.

Die Sorte ist äußerst produktiv – und das ist auch gut so, denn die Früchte schmecken wunderbar süß und fruchtig, mit einem deutlichen Hauch von Pfirsich. 'Marina's Praise' zählt mit ihrem intensiven Aroma zu unseren absoluten Lieblingssorten.

factbox

Herkunft: USA
Größe/Gewicht: 100–200 g
Farbe: gelb-orange
Fruchtform: länglich-herzförmig
Reifezeit: mittelfrüh (70 Tage)
Geschmack: süß-fruchtig
Laubform: normal
Wuchshöhe: ± 2,0 m
Züchter: Jason Haynes

Scythian Fairy

'Scythian Fairy', auch „Skifea" genannt, ist eine russische Sorte aus dem Gebiet der Krasnojarsker Stauseen nahe der Stadt Abakan. In dieser Region liegen die Ruinen der ältesten Steinstadt der Welt, „Zinhir", die einst zur skythischen Zivilisation gehörte – zu deren Ehren die Sorte benannt wurde. Die Fruchtform ist außergewöhnlich: Jede Tomate endet mit einer kleinen, charmant gebogenen Nase. Dazu kommen eine leichte Rippung und eine herzähnliche Form. Auffällig ist auch der erfrischende Geschmack – süß, mit einem feinen Hauch von Säure. Die festen Früchte sind gut lagerfähig.
Ich habe im Laufe der Jahre viele außergewöhnliche Sorten angebaut, aber kaum eine hatte ein so extravagantes und zugleich liebenswertes Aussehen wie 'Scythian Fairy'.

factbox

Herkunft: Russland
Größe: 150–200 g
Farbe: rot
Fruchtform: herzförmig
Reifezeit: mittelspät (75 Tage)
Geschmack: süß-sauer
Laubform: normal
Wuchshöhe: ± 1,8m
Züchter: unbekannt

Weitere Sorten: 'Serdtse Pustyni', 'Anthony´s Passionate Heart', 'Korol Sibiri', 'Japanisches Ochsenherz'

Alles außer rot –

Bunte Tomatenwelt

Auf Märkten und in Geschäften findet man meist nur rote Tomatensorten. Viele Menschen kennen überhaupt nur rote Tomaten. Dabei ist die Welt der Tomaten so viel bunter: Nahezu jede Farbe ist vertreten – von hellem Weiß bis zu tiefem Schwarz. Beinahe das gesamte Spektrum des Regenbogens wird abgedeckt. Diese Farbenpracht sieht nicht nur wunderschön aus, jede Farbvariante hat auch ihren ganz eigenen, typischen Geschmack. Machen wir unsere Welt also etwas bunter – und pflanzen nicht nur rote Tomatensorten an.

Schwarze Tomaten

Am faszinierendsten sind wohl Tomaten mit einem schwarzen Farbanteil. Dieser dunkle Farbstoff wird Anthocyan genannt und bildet sich nur auf den Hautstellen der Früchte, die direkt von der Sonne beschienen werden. Der sonnenabgewandte Teil bleibt dagegen grün. Tomaten, die vollständig der Sonne ausgesetzt sind, erscheinen daher fast schwarz, während schattige Früchte unter dem Laub ganz normal grün bleiben können.

Die ersten dunklen Sorten wurden in den 1980er-Jahren in den USA gezüchtet, indem man Wildtomaten mit diesem Farbstoff einkreuzte. Eine der ersten war 'Indigo Rose – leider eine völlig geschmacklose Sorte. Die heutigen Züchtungen sind dagegen deutlich aromatischer. Ob die Früchte reif sind, erkennt man, indem man die Kelchblätter vorsichtig zurückklappt: Hat sich der grüne Teil dort verfärbt, ist die Tomate erntereif. An dieser Stelle möchte ich auch ein verbreitetes Gerücht entkräften: Viele glauben, dunkle Tomaten bräuchten besonders lange zum Reifen. In Wahrheit reifen sie jedoch genauso schnell wie andere Sorten. Die dunkle Färbung ist kein Zeichen fortgeschrittener Reife – sie wird nur häufig unbewusst so wahrgenommen.

Shokoladnyy Marmelad

'Shokoladnyy Marmelad', auf Deutsch „Schokoladenmarmelade", ist eine Züchtung von Ruslan Dukhov aus der Ukraine. Die Pflanzen bleiben kompakt und erreichen eine Höhe von etwa 0,8 m, sind dabei jedoch ausgesprochen ertragreich. Angeblich sollen bis zu 6 kg Ernte pro Pflanze möglich sein – unsere brachte immerhin rund 4 kg hervor.

Während der Reifung bleiben die Schultern fast schwarz, die Mitte färbt sich schokoladenbraun, und der untere Teil zeigt ein leuchtendes Gelb. Der Name passt also perfekt. Der Geschmack ist süß mit einer harmonischen Säurenote.

Der Anbau in Töpfen gelingt problemlos, sodass sich jeder diese farbenprächtige Schönheit auf Balkon oder Terrasse holen kann.

factbox

Herkunft: Ukraine
Größe/Gewicht: 80–120 g
Farbe: gelb-schwarz
Fruchtform: rund
Reifezeit: mittelspät (75 Tage)
Geschmack: süß-harmonische Säure
Laubform: normal
Wuchshöhe: ± 0,8 m
Züchter: Ruslan Dukhov

Indigo Cherry Drops

Viele kennen die in der Einleitung erwähnte Sorte 'Indigo Rose' und haben sie vielleicht sogar schon selbst angebaut. Sie war eine der ersten erhältlichen Tomaten mit dem Farbstoff Anthocyan – geschmacklich jedoch eher enttäuschend. Bei der 'Indigo Cherry Drops' handelt es sich um eine verbesserte Version mit größeren Früchten und deutlich höheren Erträgen. Gezüchtet wurde sie von Dr. Jim Myers an der Oregon State University. Der Geschmack ist außergewöhnlich süß.
Mit 'Indigo Cherry Drops' gibt es endlich eine kleine Anthocyan-Tomate, die es geschmacklich mit den „herkömmlichen" Sorten aufnehmen kann. Ich habe im Laufe der Jahre viele dunkle, kleine Sorten ausprobiert – 'Indigo Cherry Drops' ist mit Abstand die beste!

factbox

Herkunft: USA
Größe/Gewicht: 20–30 g
Farbe: rot-schwarz
Fruchtform: rund
Reifezeit: mittelfrüh (70 Tage)
Geschmack: süß-reichhaltig
Laubform: normal
Wuchshöhe: ± 1,8 m
Züchter: Dr. Jim Myers

Sart Roloise

'Sart Roloise' ist eine Züchtung von Roland Boulanger aus Sart Eustache und soll aus einer Kreuzung von 'White Wonder' und 'Baby Blue' hervorgegangen sein. Die Sorte wurde 2012 veröffentlicht. Laut der *World Tomato Society* wurde 'Baby Blue' jedoch erst 2014 freigegeben – das passt also zeitlich nicht ganz zusammen. Vielleicht hat Boulanger bereits eine frühe, noch nicht stabile Version für seine Kreuzung verwendet.

factbox

Herkunft: Belgien
Größe/Gewicht: 200–350 g
Farbe: gelb-braun
Fruchtform: flachrund
Reifezeit: mittelspät (75 Tage)
Geschmack: mild-süß, fruchtig
Laubform: normal
Wuchshöhe: ± 1,8 m
Züchter: Roland Boulanger

Abgesehen von dieser kleinen Unstimmigkeit in der Entstehungsgeschichte ist 'Sart Roloise' eine herausragende Anthocyantomate mit wunderschönen Früchten. Im reifen Zustand zeigen sie eine gelb-braune Färbung mit leuchtend gelbem Fruchtfleisch. Das Gewicht liegt bei etwa 200–350 g. Der Geschmack ist außergewöhnlich gut – mild, süß und sehr fruchtig, mit feinen Anklängen von Ananas. Dazu produziert 'Sart Roloise' Unmengen an Früchten. Diese Sorte muss man einfach einmal anbauen, und da die Pflanzen sehr robust sind, sollte das jedem gut gelingen.

Sgt. Peppers

'Sgt. Peppers' ist eine Züchtung von Jason Haynes aus den USA. Er begann 2010 mit der Kreuzung der Sorten 'OSU P20' (Vater) und 'German Red Strawberry' (Mutter). Inzwischen gilt die Sorte als stabil. Die herzförmigen Früchte haben eine rosa Grundfarbe und – je nach Sonneneinstrahlung – eine mehr oder weniger stark ausgeprägte schwarze Haube. Das stark hängende Laub hat die Sorte von den

factbox

Herkunft: USA
Größe/Gewicht: 80–150 g
Farbe: rosa-schwarz
Fruchtform: herzförmig
Reifezeit: mittelspät (75 Tage)
Geschmack: süß-fruchtig, exotisch
Laubform: normal
Wuchshöhe: ± 1,8 m
Züchter: Jason Haynes

Ochsenherzen geerbt. Obwohl die Pflanzen eher schwachwüchsig sind, tragen sie sehr reichlich. Der Geschmack ist süß, mit exotisch-fruchtigen Noten. Dank des festen Fruchtfleisches sind die Tomaten gut lagerfähig.
'Sgt. Peppers' haben wir bereits mehrfach angebaut – jedes Mal sind wir von der wunderschönen Färbung und der eleganten Herzform fasziniert. Und geschmacklich überzeugt sie immer wieder aufs Neue.

Afternoon Delight

Bei 'Afternoon Delight' handelt es sich um eine zufällige Kreuzung der Sorte 'Big Rainbow' mit einer unbekannten blauen Tomate – einmal mehr eine Schöpfung des Meisterzüchters Brad Gates. Die Früchte zeigen ein faszinierendes Farbspiel aus Orange und Rot-Rosa, dazu kommen leicht gerippte Schultern mit einer unterschiedlich stark ausgeprägten Anthocyanfärbung.

factbox

Herkunft: USA
Größe/Gewicht: 250–500 g
Farbe: orange-violett
Fruchtform: flachrund
Reifezeit: spät (80 Tage)
Geschmack: süß-fruchtig
Laubform: normal
Wuchshöhe: ± 1,8 m
Züchter: Brad Gates

Geschmacklich zählt 'Afternoon Delight' zu den absoluten Highlights unter den Anthocyan-Sorten – kein Wunder, ist doch ein Elternteil die ausgezeichnete 'Big Rainbow'. Beim Aufschneiden offenbart sich eine wunderschöne innere Färbung: orangegelb mit kräftigen rosa Streifen.
Der Geschmack ist angenehm süß, mit ausgeprägt fruchtigen Noten. Nach der Ernte lassen sich die Früchte zudem gut lagern.

Kumquat Pink Opal

'Kumquat Pink Opal' ist eine weitere Sorte aus der Indigo-Kumquat-Linie, ausgewählt von Mira Almakaeva aus Russland. Die wunderschönen Früchte wirken wie kleine Edelsteine – rosa mit einer dunklen Anthocyanhaube.

Die Pflanzen sind äußerst wüchsig und verzweigen sich in unzählige dünne Triebe mit einem lockeren Laubwerk. So gelangt viel direktes Sonnenlicht an die Früchte, wodurch sie besonders dunkel ausfärben. Ich habe selten eine Sorte gesehen, die derart ertragreich ist – an manchen Pflanzen hängen fast mehr Früchte als Blätter.

Und diese Schönheit schmeckt auch noch hervorragend: ein herrlich süßes Aroma mit einer fruchtig-frischen Säurenote – einfach perfekt!

factbox

Herkunft: Russland
Größe/Gewicht: 30–50 g
Farbe: rosa-schwarz
Fruchtform: länglich-birnenförmig
Reifezeit: mittelspät (75 Tage)
Geschmack: mild-süß
Laubform: normal
Wuchshöhe: ± 1,50m
Züchter: Mira Almakaeva

Chocolate Gift

'Chocolate Gift' ist eine Tomatensorte von Mira Vol und wurde 2017 erstmals entdeckt. Vermutlich handelt es sich um eine Abspaltung der Sorte 'Blue Chocolate', möglich wäre aber auch eine Kreuzbestäubung von 'Beach Cherry' mit einer blauen Sorte. Wie auch immer – 'Chocolate Gift' ist tatsächlich ein Geschenk!
Die Pflanzen tragen zahlreiche, wunderschöne runde Früchte in einem rauchig rosa-braunen Farbton. Sie wiegen etwa 40–60 g. Das Fruchtfleisch ist saftig, duftet angenehm und schmeckt süß, mit einem klaren, reinen Aroma.
Ich habe schon viele Sorten mit Anthocyan-Anteil angebaut, doch keine hatte eine derart außergewöhnliche Färbung – und dazu einen ebenso überzeugenden Geschmack.

factbox

Herkunft: Russland
Größe/Gewicht: 40–60 g
Farbe: braun-schwarz
Fruchtform: rund
Reifezeit: mittelspät (75 Tage)
Geschmack: süß-fruchtig
Laubform: normal
Wuchshöhe: ± 1,8 m
Züchter: Mira Vol

Weitere Sorten:
'Amethyst Cream Cherry', 'Orangepurple Strip', 'Siberian Panther', 'Alices Dream', 'Heaven Oregon', 'Indigo Pear Drops Pink', 'Motley Mouse', 'Mlle Foriers', 'Tomnyy Lord', 'Ussuri Tiger'

Grüne Tomaten

Grün abreifende Tomatensorten faszinieren viele Menschen – nur Lust, sie zu essen, haben die wenigsten. Das liegt wohl daran, dass Grün oft als Zeichen von Unreife gilt. Außerdem ist es nicht ganz einfach zu erkennen, wann diese Tomaten tatsächlich reif sind. Mit etwas Übung ist das jedoch kein Problem: Fast alle Sorten verfärben sich bei Reife zu einem gelbgrünen oder ockergrünen Ton und werden etwas weicher.
Zum richtigen Zeitpunkt geerntet, zählen grün abreifende Tomaten zu den aromatischsten Sorten überhaupt. Oft steckt in ihnen ein spritzig-fruchtiges Aroma, und sie sind wunderbar saftig. Jeder sollte einmal eine grüne Sorte probieren – sie sind eine echte Überraschung.
Eine der ersten war übrigens 'Green Zebra', gezüchtet vom amerikanischen Tomatenpionier Tom Wagner. Und noch ein Vorteil: Man kann grüne Tomaten bedenkenlos an die Grundstücksgrenze pflanzen – sie werden garantiert nicht gestohlen.

Green Zebra Cherry

'Green Zebra Cherry' wurde zufällig von einem deutschen Gärtner in einer Schachtel mit Cocktailtomaten entdeckt. Es handelt sich um eine kleinere Variante der bekannten 'Green Zebra' mit einem Fruchtgewicht von etwa 30–50 g. Der Geschmack ist etwas süßer, der Säuregehalt geringer.

factbox

Herkunft: unbekannt
Größe/Gewicht: 30–50 g
Farbe: grün-gelb
Fruchtform: rund
Reifezeit: mittelfrüh (70 Tage)
Geschmack: süß-sauer
Laubform: normal
Wuchshöhe: ± 2,2 m
Züchter: unbekannt

Die Färbung entspricht jener der großen Schwester: Bei Vollreife nehmen die Früchte einen leicht ockergrünen Ton an. Sie sind rund bis leicht oval, weitgehend platzfest, können aber bei längerem Regenwetter feine Risse entwickeln.
Die Pflanzen wachsen kräftig, bilden jedoch kein allzu dichtes Laubwerk, und die Erträge sind ausgezeichnet. Die Cherry-Variante ist damit eine wunderbare Alternative zur allseits bekannten 'Green Zebra' – kleiner, süßer und ebenso attraktiv.

Lucky Tiger

'Lucky Tiger' ist eine Sorte aus der *Artisan*-Gruppe von Fred Hempel und wurde 2014 veröffentlicht. Die Früchte werden etwa 5 cm lang, laufen spitz zu und erreichen ein Gewicht von 20–40 g. Ihre Färbung ist wunderschön: Auf grüner Grundfarbe zeigen sich bei Vollreife leuchtend rote Streifen. Wie alle Tiger-Sorten von Fred Hempel überzeugt auch

factbox

Herkunft: USA
Größe/Gewicht: 20–40 g
Farbe: gelb-grün
Fruchtform: oval
Reifezeit: mittelfrüh (70 Tage)
Geschmack: süß-würzig
Laubform: normal
Wuchshöhe: ± 2,0m
Züchter: Fred Hempel

'Lucky Tiger' geschmacklich auf ganzer Linie – süß, aromatisch und kräftig würzig. Viele bezeichnen sie als die beste Sorte der gesamten Linie, und auch für uns zählt sie zu den absoluten Favoriten.
Die Pflanzen sind starkwüchsig, werden mit mehreren Trieben leicht 2 m hoch und zeigen sich ausgesprochen widerstandsfähig. Krankheiten treten kaum auf, was sie zu einer ebenso pflegeleichten wie attraktiven Sorte macht.

Cherokee Green

'Cherokee Green' ist im Jahr 1997 im Garten von Craig LeHoullier in einer Pflanzung von 'Cherokee Chocolate' aufgetaucht. Es ist unklar, ob es sich dabei um eine Mutation oder um ein Kreuzungsprodukt handelt. Die Pflanzen sind stark belaubt, die Blätter sehr derb und widerstandsfähig.

factbox

Herkunft: USA
Größe/Gewicht: 200–500 g
Farbe: grün
Fruchtform: flachrund
Reifezeit: mittelspät (75 Tage)
Geschmack: süß-fruchtig
Laubform: normal
Wuchshöhe: 1,8–2,2 m
Züchter: Craig LeHoullier

Die 200–500 g schweren Früchte reifen bernsteingrün ab. Der Geschmack ist typisch grün, süß und fruchtig, und zählt für mich zum Besten, was grüne Sorten bieten können. Das sehen auch andere so: 'Cherokee Green' ist eine beliebte Sorte zum Kreuzen. Unter anderem wurde sie von Reinhard Kraft verwendet, um sein 'Grünes Herz' zu züchten.
Ich habe schon viele grüne Fleischtomaten angebaut – 'Cherokee Green' ist mein Favorit.

Brad´s Atomic Grape

'Brad´s Atomic Grape' ist eine tolle Züchtung von Brad Gates aus den USA aus dem Jahr 2017. Die langgezogenen, ovalen Früchte haben festes Fruchtfleisch, ein Gewicht von 20–40 g und sind lange haltbar. Da die Pflanze sehr dichtes Laub produziert, kann es schwierig sein, die vielen Früchte zu finden. Die Suche zahlt sich aber aus: Der Geschmack ist umwerfend – angenehm süß und exotisch fruchtig. Man könnte sogar leichte Kiwi-Aromen herausschmecken.
Die Sorte zählt nicht nur bei uns zu den Favoriten, sondern wird auch von vielen anderen in höchsten Tönen gelobt. Ausgefallenes Aussehen, toller Geschmack und hoher Ertrag – eine unwiderstehliche Kombination!

factbox

Herkunft: USA
Größe/Gewicht: 20–40 g
Farbe: grün-braun
Fruchtform: oval
Reifezeit: mittelspät (75 Tage)
Geschmack: exotisch-fruchtig
Laubform: normal
Wuchshöhe: ± 2,0 m
Züchter: Brad Gates

Spear´s Tennessee Green

'Spear´s Tennessee Green' hat seinen Ursprung in Tennessee und wird dort seit den 1950er-Jahren von der Familie Spear angebaut. Die Samen wurden später an den Eigentümer von Baker Creek Heirloom Seeds weitergegeben, der die Sorte seit 2008 anbietet. Die abgeflachten Früchte sind auf der Oberseite leicht gerippt. Bei der Reife verfärbt sich vor allem der untere Teil bernsteinfarben, während die Schultern grün bleiben. Das Fruchtfleisch ist hellgrün, zart und sehr saftig. Das Aroma ist süßausgewogen mit einem feinen Hauch von Gewürzen und Zitrusfrüchten. Die grüne Sorte der Familie Spear haben wir schon öfter angebaut, sie zählt für uns zu den besten grünen Fleischtomaten.

factbox

Herkunft: USA
Größe: 150-300 g
Farbe: grün
Fruchtform: flachrund
Reifezeit: mittelspät (75 Tage)
Geschmack: süß-ausgewogen
Laubform: normal
Wuchshöhe: +/- 1,8 m
Züchter: Familie Spear

Spud Viper

'Spud Viper' entstammt der von Blane Horton entwickelten „Viper"-Linie. Die flachrunden Früchte erreichen ein Gewicht von 80–120 g und sind auf der Oberseite leicht gerippt. Die Haut ist von roten und grünen Adern durchzogen. Das grüne Fruchtfleisch ist sehr saftig und zeigt im Zentrum eine rote bis ro-

safarbene Zeichnung, fast wie bei einem Schlangenauge. Geschmacklich hält sich weder Süße noch Säure im Vordergrund, das Aroma ist insgesamt sehr ausgewogen. Die Pflanzen sind extrem kräftig und werden bis zu 1,20 m hoch. Das dunkelgrüne Laub ist kartoffelblättrig. 'Spud Viper' eignet sich auch gut für den Anbau in einem großen Topf.

factbox

Herkunft: USA
Größe: 80-120 g
Farbe: grün-orange
Fruchtform: flachrund
Reifezeit: mittelspät (75 Tage)
Geschmack: ausgewogen
Laubform: kartoffelblättrig
Wuchshöhe: +/- 1,2 m
Züchter: Blane Horton

Reinhard´s Green Heart

'Reinhard´s Green Heart' ist aus einer Kreuzung von 'Cherokee Green' mit rosa Herzen entstanden und entsprach damit genau dem Zuchtziel von Reinhard Kraft. Dass dabei noch weitere tolle Herzen in anderen Farben gezüchtet wurden, ist ein positiver Nebeneffekt.
Das grüne Herz färbt sich bei der Reife bernsteinfarben, und Teile der Frucht können eine zarte rosa Tönung annehmen. Das Fruchtfleisch ist zart schmelzend, fast buttrig in der Konsistenz.
Der Geschmack ist süß-aromatisch und sehr fruchtig. Grüne Tomaten sind ja nicht jedermanns Sache - 'Reinhard´s Green Heart' sollte man aber unbedingt einmal ausprobieren, am besten gemeinsam mit den anderen schönen Herzen von Reinhard. Außerdem ist diese Sorte weltweit das einzige grüne Ochsenherz.

Weitere Sorten:
'Green Tiger', 'Lucky Tiger', 'Green Moldovan', 'Cherokee Lime Stripes', 'Ananas Zebra', 'Beetle Juice', 'Smaragdbirne ', 'Beryl Beauty', 'Green Pear'

factbox

Herkunft: Deutschland
Größe/Gewicht: 150–300 g
Farbe: grün
Fruchtform: herzförmig
Reifezeit: mittelspät (75 Tage)
Geschmack: süß-aromatisch
Laubform: normal
Wuchshöhe: +/-1,6 m
Züchter: Reinhard Kraft

Weiße Tomaten

Neben den grünen und dunklen Tomaten sind vor allem weiße Sorten besonders faszinierend. Die Farbe einer Tomate entsteht durch das Zusammenspiel von Hautfarbe und Fruchtfleisch. Bei weißen Tomaten ist das Fruchtfleisch fast weiß, die Haut durchsichtig. In der Vollreife zeigt sich am Fruchtboden häufig ein zarter, blassrosafarbener Schimmer. Geschmacklich sind die meisten weißen Sorten mild-süß, mit kaum wahrnehmbarer Säure. Dadurch eignen sich die kleinen Cocktailtomaten hervorragend zum Naschen, während die großen Fleischtomaten einen schönen Kontrast auf einem bunten Tomatenteller bilden.
Aufgrund des geringen Säuregehalts sollen weiße Sorten zudem gut verträglich für Menschen mit Histaminallergien sein.

White Wax

factbox

Herkunft: USA
Größe/Gewicht: 120–250 g
Farbe: weiß
Fruchtform: flachrund
Reifezeit: mittelspät (75 Tage)
Geschmack: süß-fruchtig
Laubform: normal
Wuchshöhe: ± 1,8 m
Züchter: unbekannt

'White Wax' ist ein Erbstück aus Pennsylvania, USA. Ralph Weaver entdeckte die Sorte in der eingefrorenen Samensammlung seines Großvaters im Keller. Ursprünglich wurde 'White Wax' als Ausstellungstomate für Jahrmärkte gezüchtet.
Die Früchte besitzen eine wachsartige Haut, sind lange haltbar und makellos – keinerlei Rissbildung, dazu schön gleichmäßig geformt. Die kleinen Fleischtomaten erreichen ein Gewicht von bis zu 250 g. Das Fruchtfleisch ist sehr saftig und schmeckt süß-fruchtig, ganz ohne Säure. 'White Wax' hat es sofort in unsere Bestenliste geschafft: optisch perfekt und geschmacklich überzeugend.

White Rabbit

'White Rabbit' wurde von Joe Bratka aus New Jersey gezüchtet, einem bekannten amerikanischen Sammler und Züchter vieler außergewöhnlicher Tomatensorten. 1998 wurde der „weiße Hase" erstmals im *Seed Savers Yearbook* vorgestellt. Die runden bis ovalen kleinen Früchte reifen in einem zarten Weiß

factbox

Herkunft: USA
Größe/Gewicht: 15–20 g
Farbe: weiß
Fruchtform: rund-oval
Reifezeit: mittelfrüh (70 Tage)
Geschmack: süß
Laubform: normal
Wuchshöhe: ± 1,8 m
Züchter: Joe Bratka

bis Hellgelb ab und überraschen mit einem exotischen, fruchtigen Aroma und angenehmer Süße. Die Pflanzen wachsen kräftig, bilden weit ausladende Triebe und tragen bis weit in den Herbst hinein reichlich Früchte. Hierzulande ist 'White Rabbit' bisher kaum bekannt – das sollte sich unbedingt ändern.

Ivory Egg

'Ivory Egg' hat vermutlich ihren Ursprung in Schweden und wurde von einem Sammler in die USA gebracht – es könnte sich aber ebenso um eine ursprünglich amerikanische Sorte handeln. 1996

fact box

Herkunft: USA/Schweden
Größe/Gewicht: 40–80 g
Farbe: weiß
Fruchtform: oval
Reifezeit: mittelfrüh (70 Tage)
Geschmack: süß-fruchtig
Laubform: normal
Wuchshöhe: ± 1,5 m
Züchter: unbekannt

wurde sie im *Seed Savers Yearbook* vorgestellt. Die etwa hühnereigroßen Früchte wiegen 40–80 g. Die Sorte gilt als äußerst robust und steckt auch Regenwetter problemlos weg. Der Ertrag ist beeindruckend hoch. 'Ivory Egg' bauen wir nun schon seit mehreren Jahren regelmäßig an – wir lieben ihren süß-fruchtigen Geschmack mit dem feinen Hauch von Zitrone.

Lollipop

'Lollipop' ist eine unserer absoluten Lieblingssorten und seit vielen Jahren fester Bestandteil im Anbau. Die genaue Entstehungsgeschichte ist unklar, vermutlich handelt es sich um eine Kreuzung aus 'Tiny Tim' und 'VF36'. Auf den Markt gebracht wurde die Sorte 1964 von der Asgrow Seed Co. in den USA. Die Tomaten hängen wie kleine Lutscher an der Pflanze und glänzen auffallend stark – der Name passt also perfekt. Geschmacklich überzeugt 'Lollipop' mit einer fruchtig-süßen Note und einem feinen Hauch von Zitrus. Die Pflanzen sind äußerst robust und tragen bis zum Frost reichlich Früchte. Eine Sorte, die nicht nur Kinder begeistert.

factbox

Herkunft: USA
Größe/Gewicht: 15–20 g
Farbe: weiß
Fruchtform: rund
Reifezeit: mittelfrüh (70 Tage)
Geschmack: süß-fruchtig
Laubform: normal
Wuchshöhe: ± 1,8 m
Züchter: Asgrow Seed Co.

Fantome du Laos

'Fantome du Laos' ist eine seltene Sorte aus Laos. Ihren Namen verdankt sie der durchscheinenden, cremeweißen Haut der Früchte. Einer regionalen Legende nach sollen die Tomaten auf dem Fensterbrett zu leuchten beginnen, wenn sich Geister nähern – daher der geheimnisvolle Name „Geist von Laos".

factbox

Herkunft: Laos
Größe/Gewicht: 180–350 g
Farbe: weiß
Fruchtform: flachrund
Reifezeit: mittelspät (75 Tage)
Geschmack: mild-süß
Laubform: normal
Wuchshöhe: ± 1,6 m
Züchter: unbekannt

Die mittelgroßen Fleischtomaten werden bis zu 350 g schwer, die Schultern sind leicht gerippt und sanft abgerundet. Die Früchte platzen nicht, sind gut lagerfähig und schmecken mild-süß, vollkommen ohne Säure. Die Pflanzen sind sehr ertragreich. 'Fantome du Laos' ist eine außergewöhnliche Sorte – geheimnisvoll in ihrer Geschichte und überzeugend im Geschmack.

David´s Ivory Pineapple

'David´s Ivory Pineapple' ist ein sogenannter „Off-Typ" der Sorte 'Green Pineapple', also eine Pflanze, die abweichende Früchte hervorgebracht hat. Möglich wäre auch eine zufällige Kreuzung von 'Green Pineapple' mit einer weißen Sorte. Entdeckt wurde diese helle Variante 2008 von David Lemasters aus

factbox

Herkunft: USA
Größe/Gewicht: 150–350 g
Farbe: weiß
Fruchtform: flachrund
Reifezeit: mittelspät (75 Tage)
Geschmack: mild-süß
Laubform: normal
Wuchshöhe: ± 1,6 m
Züchter: David Lemasters

Die Haut ist blassgelb und dunkelt mit zunehmender Reife leicht nach; die hellgrünen Schultern färben sich erst bei Vollreife. Die Früchte wiegen 150–300 g, das Fruchtfleisch ist sehr saftig und schmeckt angenehm süß und erfrischend. Typisch für die Sorte ist eine ausgeprägte Korkmulde am Stielansatz. Die Pflanzen wachsen kräftig, sind robust und gedeihen besonders gut an einem warmen, etwas geschützten Standort.

Weitere Sorten: 'Bugtussle Buttermilk Wonder', 'White Oxheart', 'Iva´s Sweet White', 'Rose Beauty', 'Swan´s Song', 'Coyote ', 'Belaya Vishnya', 'Primrose Gage'

Braune Tomaten

Braun abreifende Tomatensorten werden häufig als schwarze Tomaten bezeichnet – etwa 'Black Cherry' oder 'Black Krim'. Tatsächlich sind sie jedoch nicht schwarz, sondern dunkelbraun gefärbt. Diese Färbung entsteht durch den unvollständigen Abbau des Chlorophylls während der Reifung. Dadurch entsteht der sogenannte „Rot-über-Grün-Effekt", der den Früchten ihr charakteristisches dunkles Aussehen verleiht. Sorten mit gelber Haut wirken purpurbraun, während jene mit klarer Haut einen schönen schokoladenbraunen Farbton zeigen.

Black Opal

'Black Opal' wurde von Gourmet Genetics (Simon Crawford & Mark Rowland) in England gezüchtet und ist eine Weiterentwicklung der in der Einleitung erwähnten 'Black Cherry' – insbesondere im Hinblick auf Wuchs und Fruchtansatz. Da es sich um eine Züchtungsverbesserung handelt, ähneln die Fruchteigenschaften stark der 'Black Cherry'.
Das saftige Fruchtfleisch überzeugt mit einem ausgezeichneten, vollmundigen Geschmack. Der Ertrag ist deutlich höher, während die Wüchsigkeit der Pflanzen vergleichbar bleibt. Zudem platzen die Früchte etwas seltener auf. 'Black Opal' ist damit eine rundum gelungene Weiterentwicklung – ein Anbau lohnt sich in jedem Fall.

factbox

Herkunft: England
Größe/Gewicht: 15–20 g
Farbe: braun
Fruchtform: rund
Reifezeit: mittelfrüh (70 Tage)
Geschmack: süß-würzig
Laubform: normal
Wuchshöhe: ± 2,0m
Züchter: Simon Crawford & Mark Rowland

Cherokee Chocolate

'Cherokee Chocolate' ist eine spontane Mutation der Sorte 'Cherokee Purple', bei der sich die Hautfarbe von gelb zu klar verändert hat. Entdeckt wurde sie im Garten von Craig LeHoullier, einem leidenschaftlichen Tomatenzüchter und Buchautor.

factbox

Herkunft: USA
Größe/Gewicht: 200–500 g
Farbe: braun
Fruchtform: flachrund
Reifezeit: mittelspät (75 Tage)
Geschmack: fruchtig-süß, würzig
Laubform: normal
Wuchshöhe: ± 1,8 m
Züchter: Craig LeHoullier

2004 stellte die *Victory Seed Company* die Sorte erstmals öffentlich vor.
Wie auch bei der „Purple"-Variante ist der Geschmack der Früchte außergewöhnlich gut – fruchtig, süß und würzig. Das Wuchsbild entspricht dem der Ausgangssorte, Unterschiede zeigen sich lediglich in der Fruchtfarbe. Persönlich finde ich die schokoladenbraunen Früchte der 'Cherokee Chocolate' sogar noch schöner.

Chocolate Pear

'Chocolate Pear' stammt von Terroir Seeds aus dem Jahr 2012 und ist eine Schwestersorte der 'Green Pear'. Nicht alle Früchte sind birnenförmig, es kommen auch ovale vor. Sie haben eine schokoladenbraune Farbe, die Schultern bleiben sortentypisch leicht grün.

factbox

Herkunft: USA
Größe/Gewicht: 15–20 g
Farbe: braun
Fruchtform: birnenförmig
Reifezeit: mittelfrüh (70 Tage)
Geschmack: süß-reichhaltig
Laubform: normal
Wuchshöhe: ± 2,2 m
Züchter: Terroir Seeds

Der Geschmack ist ausgezeichnet – sehr süß und reichhaltig, typisch für dunkle Sorten. 'Chocolate Pear' landet bei Verkostungen regelmäßig weit vorne. Die Früchte sind gut lagerfähig, doch da sie so köstlich sind, bleibt selten etwas für später übrig. Die Pflanzen sind stark wüchsig und produzieren eine Vielzahl an Früchten bis in den Herbst hinein.

Kodiak Brown

Bei 'Kodiak Brown' handelt es sich um eine neue Kreuzung von 'Black Krim' mit 'Galina' aus dem Jahr 2016. Die Sorte stammt aus derselben Linie wie die grünfruchtige 'Kenai Mondo Green'.

factbox

Herkunft: USA
Größe/Gewicht: 50–80 g
Farbe: braun
Fruchtform: flachrund
Reifezeit: mittelfrüh (70 Tage)
Geschmack: süß-würzig
Laubform: normal
Wuchshöhe: ± 1,5 m
Züchter: unbekannt

An den Pflanzen hängen zahlreiche feste, braune Früchte, die gut lagerfähig sind. Der Geschmack erinnert in seiner Würze an 'Black Krim', weist jedoch eine ausgeprägtere Süße auf – zweifellos ein Erbe der 'Galina'. Die Pflanzen bleiben kompakt und bilden bis zum ersten Frost konstant Früchte. 'Kodiak Brown' ist eine hervorragende mittelgroße Tomate, ideal für Salate oder einfach zum Naschen.

Lost Marbles

'Lost Marbles', übersetzt „Verlorene Murmeln", ist das Ergebnis einer Kreuzung mehrerer Wildsorten, durchgeführt von Phil Seneca von Good Mind Seeds. Diese Wildsorten sind auch der Grund dafür, dass die Pflanzen außerordentlich robust gegenüber einer Vielzahl von Krankheiten sind. Die Früchte wachsen in Rispen mit bis zu zwölf Tomaten und besitzen saftiges, dunkelviolettes

factbox

Herkunft: USA
Größe/Gewicht: 15–20 g
Farbe: braun
Fruchtform: rund
Reifezeit: mittelfrüh (70 Tage)
Geschmack: süß-reichhaltig
Laubform: normal
Wuchshöhe: ± 2,0 m
Züchter: Phil Seneca

Fruchtfleisch. Sie schmecken süßer als etwa 'Sungold Select' und haben zusätzlich einen komplexen, würzigen Geschmack. Wir haben bereits viele braune Cocktailtomaten angebaut und viele schmecken wirklich gut, doch 'Lost Marbles' ist von allen eindeutig die beste.

Tschernij Prince

'Tschernij Prince', auch „Chyornyi Prins" oder „Schwarzer Prinz", stammt ursprünglich aus Irkutsk in Sibirien. Die Sorte wurde in den 1990er-Jahren in den USA verbreitet und ist heute in Deutschland vor allem durch den YouTuber Florian Rigotti bekannt. Die Früchte haben eine dünne Haut und neigen daher gelegentlich zu Rissbildung, was jedoch rasch verheilt. Der grüne Kragen ist sortentypisch für viele dunkle Tomaten. Das durchschnittliche Gewicht liegt bei etwa 200 g, in Einzelfällen sind bis zu 500 g möglich. Das rotbraune Fruchtfleisch schmilzt förmlich im Mund und überzeugt mit einem fruchtigen, ausgewogenen Zucker-Säure-Verhältnis. 'Tschernij Prince' zählt zu den besten dunklen Fleischtomaten – ob sie die beste ist, darüber wird man wohl noch lange diskutieren.

factbox

Herkunft: Sibirien
Größe/Gewicht: 200–500 g
Farbe: braun
Fruchtform: flachrund
Reifezeit: mittelspät (75 Tage)
Geschmack: fruchtig-aromatisch
Laubform: normal
Wuchshöhe: ± 1,6 m
Züchter: unbekannt

Marshmallow in Chocolate

'Marshmallow in Chocolate' wurde von Agrofirm Search LLC in Russland gezüchtet – und gleich vorweg: Es ist eine wirklich gelungene Züchtung. Die Früchte sind perfekt geformt und besitzen eine attraktive, schokoladenbraune Färbung.
Der Geschmack ist süß-fruchtig und vollkommen säurefrei. Ich war lange auf der Suche nach einer mittelgroßen „Schoko-Tomate". Die bekannte 'Sacher' ist zwar ähnlich, aber leider eine F1-Hybridsorte und kam daher für den Anbau nicht infrage. Zum Glück habe ich Tauschpartner auf der ganzen Welt und konnte so Samen dieser Sorte erhalten.
'Marshmallow in Chocolate' ist für mich die perfekte braune, mittelgroße Tomate – mit unglaublich gutem Geschmack. Ein Muss für jeden Tomatenliebhaber!

Weitere Sorten: 'Karma Purple Multiflora', 'Black Cherry', 'Black Bear', 'Black Zebra', 'Purple Bumblebee'

factbox

Herkunft: Russland
Größe: 120–200 gr.
Farbe: braun
Fruchtform: flachrund
Reifezeit: mittelspät (75 Tage)
Geschmack: süß-fruchtig
Laubform: normal
Wuchshöhe: + 1,7 m
Züchter: Agrofirm Search LLC

Orange Tomaten

Orange Tomaten findet man mit etwas Glück auf Märkten oder gelegentlich auch im Supermarkt. Neben den roten, rosa und gelben Sorten zählt Orange zur vierthäufigsten Farbe innerhalb der riesigen Sortenvielfalt. Der Übergang von Gelb zu Orange ist oft fließend – vollreife Früchte zeigen meist einen dunkleren Farbton. Bei durchsichtiger Haut erscheinen sie hellorange, während eine gelbe Haut einen satten, tieforangen Glanz erzeugt. Die intensive Färbung entsteht durch einen hohen Gehalt an Beta-Carotin. Orange Tomaten gibt es in allen denkbaren Formen – von klein bis groß, rund, herz- oder flaschenförmig – und sie bringen Farbe und Vielfalt auf jeden Tomatenteller.

factbox

Herkunft: Russland/Ukraine?
Größe/Gewicht: 60–120 g
Farbe: orange
Fruchtform: rund
Reifezeit: früh (65 Tage)
Geschmack: ausgewogen
Laubform: normal
Wuchshöhe: ± 1,5m
Züchter: unbekannt

Ambre

'Ambre', was auf Deutsch „Bernstein" bedeutet, soll eine russische Handelssorte sein. Nach einer anderen Quelle stammt sie von einer Familie aus der Nähe des Flusses Don.
Die orangen Früchte erreichen ein Gewicht von 60–120 g, wobei jeweils drei bis fünf Tomaten in einer Rispe zusammenhängen. Eine relativ feste Haut schützt das saftige Fruchtfleisch zuverlässig vor dem Aufplatzen. Der Geschmack ist angenehm ausgewogen; bei Vollreife nimmt der Säureanteil deutlich ab.
'Ambre' ist eine sehr früh reifende Sorte mit perfekt geformten Früchten, die nicht nur gut aussehen, sondern auch hervorragend schmecken. Zudem zeigt sie sich äußerst widerstandsfähig gegenüber widrigen Bedingungen.

Bear Wallow Canary

'Bear Wallow Canary' wird seit den 1920er-Jahren in der Region der Bear Wallow Mountains in Kentucky (USA) angebaut. Die ursprünglichen Samen brachte die Familie Povich aus Russland mit, später wurde die Sorte von der Familie Collins weiter kultiviert.
Die Früchte tragen ein glänzendes, leuchtend oranges Kleid und besitzen ein festes, aromatisches Fruchtfleisch. Für eine orange Sorte enthalten sie

vergleichsweise viel Säure, was ihnen ein angenehm würziges Aroma verleiht. Ich persönlich bevorzuge genau diesen intensiven Geschmack. Ein weiterer Pluspunkt: Die Früchte platzen selbst bei Regen nicht auf. Selten habe ich eine Sorte mit derart perfekten, großen Früchten gesehen – ein echtes Highlight unter den orangen Tomaten.

factbox

Herkunft: Russland/USA
Größe/Gewicht: 250–400 g
Farbe: orange
Fruchtform: flachrund
Reifezeit: mittelspät (75 Tage)
Geschmack: süß-würzig
Laubform: normal
Wuchshöhe: ± 1,8 m
Züchter: unbekannt

Orange Sukkerknald

'Orange Sukkerknald', der „orange Zuckerwürfel", stammt vermutlich aus Dänemark. Der Name ist keine Übertreibung – die leuchtend orangen Früchte

factbox

Herkunft: Dänemark?
Größe/Gewicht: 10–20 g
Farbe: orange
Fruchtform: rund
Reifezeit: früh (65 Tage)
Geschmack: süß-fruchtig
Laubform: normal
Wuchshöhe: ± 2 m
Züchter: unbekannt

schmecken intensiv fruchtig und zuckersüß.
Die Pflanzen sind kräftig im Wuchs und können leicht 2 m Höhe erreichen. In den langen Rispen hängen bis zu 30 Früchte. Ich ziehe die Cocktailtomaten gerne buschig, dadurch bleiben sie kompakter, tragen aber deutlich mehr. Auch der Anbau in großen Töpfen gelingt ohne Probleme.
'Orange Sukkerknald' hatten wir schon mehrfach im Anbau – eine echte Lieblingssorte und eine hervorragende Naschtomate für Balkon oder Garten.

Wald4tler Orange

Die 'Wald4tler Orange' stammt von einem Züchter aus dem österreichischen Waldviertel. Da die Sorte ursprünglich keinen Namen trug, habe ich sie selbst benannt – und der passt perfekt zu den schönen, rundlich-orangen Früchten. Von Weitem könnte man fast meinen, an den Stauden würden Orangen hängen.

factbox

Herkunft: Österreich
Größe/Gewicht: 150–250 g
Farbe: orange
Fruchtform: rund
Reifezeit: mittelspät (75 Tage)
Geschmack: süß-fruchtig
Laubform: normal
Wuchshöhe: ± 1,8 m

Die Früchte wiegen meist zwischen 150 und 250 g, vereinzelt auch mehr. Das Fruchtfleisch ist sehr saftig und schmeckt angenehm süß-fruchtig. Das Waldviertel zählt zu den rauesten Regionen Österreichs, und genau das spiegelt sich in dieser Sorte wider: 'Wald4tler Orange' ist äußerst robust und gedeiht hervorragend im Freiland.

Aunt Eula Rockhouse Yellow

'Aunt Eula Rockhouse Yellow' wurde nach „Tante Eula" benannt, die diese Sorte jahrzehntelang in ihrem Garten in den Hügeln der Appalachen anbaute – bis sie im Alter von fast 99 Jahren verstarb. Vor ihrem Tod übergab sie Samen an ihren Neffen Paul Douglas aus Kentucky, der die Sorte weiterverbreitete.

factbox

Herkunft: USA
Größe/Gewicht: 200–450 g
Farbe: orange
Fruchtform: flachrund
Reifezeit: spät (80 Tage)
Geschmack: süß-fruchtig
Laubform: normal
Wuchshöhe: ± 1,8 m
Züchter: unbekannt

Die Früchte leuchten in einem tiefen Gelb bis Orange und zeichnen sich durch ein ausgesprochen süßes Aroma aus – nahezu ohne Säure. Die flachrunden Tomaten erreichen ein Gewicht von 200 bis 450 g, vereinzelt auch mehr. Ihr Fruchtfleisch ist sehr fest und saftig zugleich.
Diese Sorte ist eine wunderbare Bereicherung für frische Sommersalate oder bunte Tomatenteller, eignet sich aber auch hervorragend zur Zubereitung heller Saucen. Die Pflanzen sind kräftig, wüchsig und ausgesprochen ertragreich.

Letneye Iskusheniye

'Letneyc Iskusheniye' (Летнее Искушение), übersetzt „Sommerversuchung", ist eine Züchtung aus Russland. Von dieser Sorte existieren verschiedene Varianten, unter anderem eine orangefarbene und eine rote.

factbox

Herkunft: Russland
Größe/Gewicht: 20–45 g
Farbe: orange
Fruchtform: länglich-oval
Reifezeit: mittelfrüh (70 Tage)
Geschmack: süß-fruchtig
Laubform: normal
Wuchshöhe: ± 1,6 m
Züchter: unbekannt

Die Früchte wachsen in großen, fächerförmigen Rispen und zeigen einen außergewöhnlichen Farbton – ein leuchtendes Orange mit senfgelben Nuancen. Ihr Geschmack ist intensiv süß, mit einem feinen Hauch tropischer Fruchtaromen. Die Pflanzen bilden ein lockeres, lichtes Laub mit zarten Blättern, wodurch der beeindruckende Fruchtbehang sofort ins Auge fällt. Eine Sorte, die mit ihrer Farbenpracht und ihrem Ertrag gleichermaßen begeistert.

Mila

'Mila' ist eine russische Sorte, über deren genaue Herkunft jedoch wenig bekannt ist. Ihr auffälligstes Merkmal sind die länglich-birnenförmigen, orangefarbenen Früchte – eine Form, die ich bislang bei keiner anderen Sorte gesehen habe.

factbox

Herkunft: Russland
Größe: 60–120 gr.
Farbe: orange
Fruchtform: länglich-birnenförmig
Reifezeit: mittelspät (75 Tage)
Geschmack: mild
Laubform: normal
Wuchshöhe: ± 1,8 m
Züchter: unbekannt

Die Früchte erreichen ein Durchschnittsgewicht von 60–120 g. Das Fruchtfleisch ist fest, leicht süß und enthält nur wenige Samen, wodurch sich die Sorte hervorragend zum Einkochen eignet. Natürlich kann man sie auch frisch genießen. 'Mila' überzeugt durch ihre außergewöhnliche Optik und ihre gute Anpassungsfähigkeit an kühleres Klima – eine besondere Sorte mit Charakter.

Weitere Sorten: 'Golden Donkey´s Ears', 'Orange Pear', 'Auriga', 'Mango Django', 'Kellogs Breakfast'

Rosa Tomaten

Rosa ist nach klassisch Rot die zweithäufigste Tomatenfarbe. Die Abgrenzung zu roten Sorten ist nicht immer einfach – spätestens beim Aufschneiden werden die Unterschiede jedoch deutlich. Rosa Tomaten besitzen eine klare, durchsichtige Haut, während rote Sorten eine gelbliche Haut aufweisen. Ihr Fruchtfleisch ist durch das Carotinoid Lycopin intensiv rot gefärbt. Geschmacklich gelten rosa Sorten als etwas milder und ausgewogener, mit einer feineren Säurebalance. Auch bei den rosa Tomaten findet man sämtliche erdenklichen Fruchtformen – von klein und rund bis groß und herzförmig – und ebenso vielfältige Aromen.

Nochtli

'Nochtli' ist eine Züchtung von Phil Seneca von Good Mind Seeds (USA). Der Name stammt aus dem Nahuatl, der Sprache der Azteken, und bedeutet „Feigenkaktus". Die Sorte überzeugt durch ihre Zuverlässigkeit: Sowohl bei heißen als auch bei kühleren Temperaturen setzt sie reichlich Früchte an. Nur längeres Regenwetter bekommt ihr weniger gut. Die perfekt flachrund geformten Tomaten besitzen eine feste Schale und sind dadurch lange haltbar. Geschmacklich zeigt sich 'Nochtli' angenehm süß und ausgewogen – mit einem klassischen Tomatenaroma, das an frühere Zeiten erinnert. Zudem zählt sie zu den frühen Sorten: Bereits nach rund 65 Tagen sind die Früchte reif.

factbox

Herkunft: USA
Größe: 30–50 gr.
Farbe: rosa
Fruchtform: flachrund
Reifezeit: früh (65 Tage)
Geschmack: süß-ausgewogen
Laubform: normal
Wuchshöhe: ± 1,8 m
Züchter: Phil Seneca

Nahuelbuta Pink

In meinem ersten Tomatenbuch darf meine absolute Lieblingssorte natürlich nicht fehlen: 'Nahuelbuta Pink'. Diese außergewöhnlich schöne rosa Sorte stammt aus den Nahuelbuta Mountains in Chile. Samen wurden von Alejandro Bustamante an Gary Ibsen, den Inhaber von Tomatofest, geschickt – mit dem Hinweis, dass die Sorte seit über 50 Jahren in der Familie kultiviert wurde und nie in die

factbox

Herkunft: Chile
Größe/Gewicht: 300–500 g
Farbe: rosa
Fruchtform: flachrund
Reifezeit: mittelfrüh (70 Tage)
Geschmack: perfekt ausbalanciert
Laubform: normal
Wuchshöhe: ± 1,8 m
Züchter: unbekannt

Nähe anderer Sorten gelangte. Der Name „Nahuelbuta" bedeutet „Großer Tiger".
Die Früchte erreichen ein Gewicht von 300–500 g, mitunter auch deutlich mehr. Das Fruchtfleisch ist fest, saftig und eignet sich ideal zum Grillen oder für frische Sommersalate. Geschmacklich ist diese Sorte für mich perfekt ausbalanciert – eine harmonische Kombination aus Süße und Säure.
'Nahuelbuta Pink' ist gut an kühleres Klima und höhere Lagen angepasst und daher in vielen Regionen hervorragend für den Freilandanbau geeignet.

Costoluto Colli Euganei

'Costoluto Colli Euganei' bedeutet übersetzt „die Gerippte von den Euganischen Hügeln" – benannt nach dem Naturpark im Norden Italiens, südwestlich von Padua in der Region Venetien. Die Früchte sind stark gerippt und enthalten zahlreiche Hohlräume. Trotz dieser Struktur erreichen sie beachtliche Größen – meist bis zu 600 g, vereinzelt sogar bis zu 1,5 kg. Im

factbox

Herkunft: Italien
Größe/Gewicht: 300–600 g
Farbe: rosa
Fruchtform: gerippt
Reifezeit: spät (80 Tage)
Geschmack: süß
Laubform: normal
Wuchshöhe: ± 2,0 m
Züchter: unbekannt

Reifestadium sind sie hellgrün und leicht durchscheinend, später färben sie sich in ein zartes Hellrosa. Der Geschmack ist angenehm süß, völlig ohne Säure. 'Costoluto Colli Euganei' eignet sich hervorragend zur Zubereitung von Saucen oder frischen Salaten. Zudem überzeugt die Sorte mit einem beeindruckenden Ertrag – eine weitere großartige gerippte Tomate aus Italien.

La Vie en Rose

'La Vie en Rose' entstand aus einer Kreuzung der Sorten 'Browns Yellow Giant' und einer unbekannten rosa Tomate. Gezüchtet wurde sie von Terry Tassone vom Secret Seed Cartel. Es existiert auch eine gelbe Schwestersorte namens 'Moonshiner's Ball'. Der Name „La Vie en Rose" stammt von Lucine Jegat, einer Freundin des Züchters. Die 200–500 g schweren Früchte besitzen eine dicke, platzfeste Haut und ein dichtes, aromatisches Fruchtfleisch voller altmodischem Tomatengeschmack – süß, würzig und wunderbar ausgewogen.

'La Vie en Rose' ist eine herausragende rosa Fleischtomate, die ihrem Namen alle Ehre macht: optisch makellos, geschmacklich überzeugend – einfach ein Genuss.

factbox

Herkunft: USA
Größe/Gewicht: 200–500 g
Farbe: rosa
Fruchtform: flachrund
Reifezeit: mittelspät (75 Tage)
Geschmack: süß-würzig
Laubform: normal
Wuchshöhe: ± 1,8 m
Züchter: Terry Tassone

Maglia Rosa

'Maglia Rosa' ist eine neuere Züchtung von Fred Hempel, dem Schöpfer der berühmten 'Blush'-Tomate. Sie entstand aus einer Kreuzung von 'Striped Roman' und 'Black Cherry' und wurde nach dem rosa Trikot („Maglia Rosa") des Führenden beim Radrennen Giro d'Italia benannt.
Die Früchte sind rosa mit helleren Streifen und wachsen in einem fischgrätenartigen Muster in

factbox

Herkunft: USA
Größe/Gewicht: 20–40 g
Farbe: rosa
Fruchtform: oval
Reifezeit: mittelspät (75 Tage)
Geschmack: fruchtig-würzig
Laubform: normal
Wuchshöhe: ± 0,6 m
Züchter: Fred Hempel

Trauben mit 10–12 Tomaten. Am besten erntet man sie, wenn sie noch hellrosa sind – dann entfalten sie ihren besonders intensiven, würzigen Geschmack. Die kompakt wachsende Pflanze ist sehr ertragreich und eignet sich hervorragend für den Anbau in Töpfen. Eine elegante Sorte, die nicht nur geschmacklich, sondern auch optisch begeistert.

Thai Pink Egg

'Thai Pink Egg' ist eine äußerst ertragreiche Sorte und auf den Märkten Thailands besonders beliebt. Die eiförmigen Früchte zeigen während der Reifung einen schönen Farbverlauf: Anfangs blassgrün, später weißlich und schließlich zartrosa. Die feste Haut macht diese Sorte zu einer hervorragenden Lagertomate. Geschmacklich zahlen die Früchte zu den süßen Sorten – ideal für Salate oder den Frischverzehr.

'Thai Pink Egg' ist zudem sehr widerstandsfähig und eignet sich bestens für den Freilandanbau. Auch im Topf auf dem Balkon gedeiht sie zuverlässig und liefert reiche Erträge.

factbox

Herkunft: Thailand
Größe/Gewicht: 50–80 g
Farbe: rosa
Fruchtform: oval
Reifezeit: mittelspät (75 Tage)
Geschmack: mild-süß
Laubform: normal
Wuchshöhe: ± 1,2 m
Züchter: unbekannt

Rozalie de Budila

'Rozalie de Budila' ist eine seltene Sorte aus Rumänien. Budila, eine kleine Ortschaft mit rund 5.000 Einwohnern, liegt im Zentrum des Landes, unweit der Karpaten. „Rozalie" bedeutet schlicht Rosa. Die Früchte sind länglich und leicht gerippt, herzförmig und besitzen ein dichtes Fruchtfleisch mit nur wenigen Samen. Sie erreichen eine Größe von 200–500 g. Geschmacklich sind sie ausgewogen, aromatisch und angenehm süß.
Die Sorte eignet sich hervorragend sowohl für den Frischverzehr als auch für Saucen oder Salate. Die

factbox

Herkunft: Rumänien
Größe/Gewicht: 200–500 g
Farbe: rosa
Fruchtform: herzförmig
Reifezeit: mittelspät (75 Tage)
Geschmack: ausgewogen
Laubform: normal
Wuchshöhe: ± 1,8 m
Züchter: unbekannt

Pflanzen sind außergewöhnlich ertragreich – selten habe ich so voll behangene Tomatenstauden gesehen. 'Rozalie de Budila' ist eine weitere besondere Lokalsorte, die viel häufiger auch in unseren Gärten wachsen sollte.

Weitere Sorten: 'Ovita', 'Bear Claw', 'Ochsenherz Mazedonien', 'Himbeerrose ', 'Pink Oxheart', 'Anna Russian'

Gelbe Tomaten

Gelbe Tomaten bilden nach roten und rosa Sorten die dritthäufigste Tomatengruppe. Ihre charakteristische Farbe entsteht durch Farbstoffe in den Chromoplasten der Fruchtzellen, vor allem durch Carotinoide. Diese treten in unterschiedlichen Zusammensetzungen auf – bei den gelben Sorten dominieren die sogenannten Xantophylle, insbesondere Lutein. Gleichzeitig wird nur wenig Lycopin gebildet, das für die rote Färbung verantwortlich ist. Eine klare Abgrenzung zu orangen Tomaten ist kaum möglich. Die Farbintensität kann von Jahr zu Jahr variieren, und sogar innerhalb einer Saison führen Temperaturschwankungen zu leichten Veränderungen. Manche klassischen gelben Sorten tendieren dabei ins Orange – und umgekehrt.

Aunt Ruby's Yellow Cherry

'Aunt Ruby's Yellow Cherry' ist eine der besten gelben Cherrytomaten – wenn nicht sogar die beste. Sie stammt von Ruby Arnold aus Greeneville (Tennessee, USA) und wurde erstmals 1993 von Bill Minkey im *Seed Savers Exchange Yearbook* vorgestellt.

Die leuchtend gelben Früchte besitzen eine dünne, aber platzfeste Haut. Ihr saftiges, weiches Fruchtfleisch schmeckt aromatisch, sehr süß und fruchtig. Bereits nach rund 65 Tagen Reifezeit können die ersten Früchte geerntet werden.

Die Sorte ist ausgesprochen wüchsig und überaus ertragreich. An über zwei Meter hohen Pflanzen reihen sich Rispe an Rispe – ein beeindruckender Anblick. Wir haben die Sorte schon mehrfach angebaut und wurden nie enttäuscht. Für mich ist sie die beste gelbe Naschtomate überhaupt

factbox

Herkunft: USA
Größe/Gewicht: 15–20 g
Farbe: gelb
Fruchtform: rund
Reifezeit: mittelfrüh (70 Tage)
Geschmack: süß-fruchtig
Laubform: normal
Wuchshöhe: ± 2,0 m
Züchter: unbekannt

Hugh's Lemon Oxheart

'Hugh's Lemon Oxheart', auch einfach nur unter 'Hugh's' bekannt, wurde 1997 im *Seed Savers Yearbook* eingeführt. Die Sorte lässt sich bis in die 1940er-Jahre zurückverfolgen, als sie von einem gewissen Mr. Hugh in Madison County, Indiana, angebaut wurde. Sie ähnelt der damals verbreiteten 'Burgess Colossal Yellow', ist jedoch produktiver und aromatischer. Die herzförmigen Früchte zeigen bei Vollreife eine leichte rosa Marmorierung. Das Fruchtfleisch ist saftig, zart und enthält nur wenige Samen. Der Ertrag ist beeindruckend – selten habe ich eine Pflanze gesehen, die so dicht mit Tomaten behangen war.

Ich kenne die Sorte schon sehr lange; sie war eine der ersten in meiner Sammlung. Wegen ihres ausgezeichneten Geschmacks baue ich sie immer wieder gerne an und finde sie großartig. Auch Carolyn J. Male führt sie in ihrem Buch *100 Heirloom Tomatoes for the American Garden* als besonders empfehlenswert auf.

factbox

Herkunft: USA
Größe/Gewicht: 200–600 g
Farbe: gelb
Fruchtform: herzförmig
Reifezeit: mittelspät (75 Tage)
Geschmack: süß-ausgewogen
Laubform: normal
Wuchshöhe: 1,8–2,0 m
Züchter: unbekannt

Goldene Königin

Die 'Goldene Königin' ist eine alte, bewährte Sorte, die 1884 von der bekannten Gartenbau- und Saatzuchtfirma Friedrich Carl Heinemann aus Erfurt eingeführt wurde. Damit zählt sie zu den ältesten deutschen Tomatensorten. Sie ist übrigens nicht mit der amerikanischen 'Golden Queen' der Livingston Seed Company verwandt.

Die goldgelben Früchte wachsen in Rispen mit bis zu zehn Tomaten an den Stauden. Das Fruchtfleisch ist relativ weich, die Haut sehr dünn – dennoch neigen die Früchte kaum zum Aufplatzen. Geschmacklich überzeugt die Sorte mit einer mild-fruchtigen Note und angenehmer Süße. Man sollte die Tomaten jedoch nicht zu lange hängen lassen, da sie bei Überreife rasch mehlig werden.

factbox

Herkunft: Deutschland
Größe/Gewicht: 50–100 g
Farbe: gelb
Fruchtform: rund
Reifezeit: mittelfrüh (70 Tage)
Geschmack: süß-fruchtig
Laubform: normal
Wuchshöhe: 1,5–2,0 m
Züchter: unbekannt

Solotaja Kanarejka

'Solotaja Kanarcjka', übersetzt „Goldener Kanarienvogel", ist eine Züchtung aus Russland. Die Früchte haben eine außergewöhnliche Form: Sie beginnen oval und laufen in eine langgezogene, oft leicht gebogene Spitze aus – ganz wie ein kleiner Vogelschnabel. Das Fruchtgewicht liegt bei 40–80 g. Der Geschmack ist mild-süß, völlig ohne Säure: ideal für frische Sommersalate oder zum Einkochen einer leuchtend gelben Sauce. Die Pflanzen wachsen kräftig, bleiben dabei aber eher schmal und liefern einen hervorragenden Ertrag. An einem voll behangenen Strauch scheint es, als säße dort eine ganze Schar kleiner „Vögel". Spontan fällt mir nur eine andere Sorte mit ähnlich ausgefallenen Früchten ein: die orange 'Buratino' (Pinocchio).

factbox

Herkunft: Russland
Größe/Gewicht: 30–70 g
Farbe: gelb
Fruchtform: länglich
Reifezeit: mittelfrüh (70 Tage)
Geschmack: mild-süß
Laubform: normal
Wuchshöhe: ± 1,6 m
Züchter: unbekannt

Dixie Golden Giant

'Dixie Golden Giant' wurde seit etwa 1930 von einer Amish-Familie in den USA gezüchtet. Der Name *Dixie* ist ein traditionelles Synonym für die südlichen Bundesstaaten der Vereinigten Staaten.
Die flachrunden Früchte zeigen oft leicht gerippte, geschwollene Schultern und leuchten in einem satten Goldgelb. Das durchschnittliche Gewicht liegt bei 300 – 500 g, einzelne Exemplare können über 1 kg erreichen. Das Fruchtfleisch ist fest, leicht rosa marmoriert und schmeckt süß-fruchtig mit einer feinen Säurenote – im Mund zergeht es fast „buttrig".
Mit diesen hervorragenden Eigenschaften gilt 'Dixie Golden Giant' als eine der besten gelben Fleischtomaten überhaupt. Die Pflanzen sind robust, wüchsig und überaus ertragreich.

factbox

Herkunft: USA
Größe/Gewicht: 300–500 g
Farbe: gelb
Fruchtform: flachrund
Reifezeit: mittelspät (75 Tage)
Geschmack: süß-fruchtig
Laubform: normal
Wuchshöhe: ± 1,8 m
Züchter: unbekannt

Eiszäpfchen

'Eiszäpfchen', auf Russisch „Sosuletschka", ist eine extrem ertragreiche Sorte aus Russland. Die länglichen Früchte mit einer kleinen Spitze hängen in dichten, üppigen Trauben an den Pflanzen.
Da sich so viele Früchte bilden, empfiehlt es sich, nur zwei Triebe zu belassen und die Anzahl der Rispen auf vier bis fünf zu beschränken – auch dann trägt die Pflanze noch reichlich und kann alle Tomaten ausreichend versorgen.

factbox

Herkunft: Russland
Größe/Gewicht: 50–70 g
Farbe: gelb
Fruchtform: länglich
Reifezeit: mittelfrüh (70 Tage)
Geschmack: mild-fruchtig
Laubform: normal
Wuchshöhe: ± 1,8 m
Züchter: unbekannt

Die Früchte sind saftig, werden selbst bei Überreife nie mehlig und schmecken mild-fruchtig, völlig ohne Säure. Beim Ernten ist etwas Vorsicht geboten: Die Tomaten, auch die unreifen, lösen sich leicht von den Rispen.

Weitere Sorten:
'Olive Dorée', 'Anna Hermann', 'Yellow Bosnian', 'Livingston Golden Ball', 'Galina '

Mehrfarbige Tomaten

Manche Tomaten begnügen sich nicht mit nur einer Farbe. Sorten mit gelbem Fruchtfleisch, das von rosa oder roten Streifen durchzogen ist, nennt man Bicolor-Tomaten. Ihre Schale zeigt oft auffällige Muster oder feine Streifen – daher tragen viele Sorten passende Namen wie *Tiger* oder *Zebra*. Einige Sorten zeigen sogar einen sanften Farbverlauf über die gesamte Frucht, was vor allem bei grünen Varianten zu einem spektakulären Innenleben führt. Doch Bicolor-Tomaten überzeugen nicht nur optisch: Ihr Geschmack reicht von süß-fruchtig bis intensiv würzig – ein Genuss für Augen und Gaumen gleichermaßen.

Ananas Heart

Bei ´Ananas Heart´ handelt es sich um eine Kreuzung der bekannten und beliebten 'Ananas' mit 'Giant Oxheart Yellow'. Vermutlich entstand die Sorte in Russland, auch wenn dies nicht eindeutig belegt ist. Die Früchte vereinen den typischen Geschmack der 'Ananas' – süß-fruchtig mit einem Hauch klassischem Tomatenaroma – und sind ausgesprochen lecker. Gleichzeitig ist 'Ananas Heart' robuster und deutlich ertragreicher als die Ursprungssorte. Für alle, die 'Ananas' schätzen, ist diese herzförmige Variante eine ideale Ergänzung – geschmacklich überzeugend und optisch eine der schönsten Sorten überhaupt.

factbox

Herkunft: Russland?
Größe/Gewicht: 200–400 g
Farbe: gelb-rot
Fruchtform: herzförmig
Reifezeit: mittelspät (75 Tage)
Geschmack: süß-fruchtig
Laubform: normal
Wuchshöhe: ± 1,8 m
Züchter: unbekannt

Golden Butterfly

'Golden Butterfly', auf Lettisch „Zelta Taurins", ist dem Namen nach vermutlich eine lettische Sorte. Leider finden sich nur wenige verlässliche Informationen zu ihrer Herkunft. Eine deutliche Ähnlichkeit zur Sorte 'Sunrise Bumblebee' ist jedoch unverkennbar – möglicherweise handelt es sich um eine Weiterzüchtung.

factbox

Herkunft: Lettland?
Größe/Gewicht: 15–20 g
Farbe: gelb-rot
Fruchtform: rund
Reifezeit: mittelfrüh (70 Tage)
Geschmack: süß
Laubform: normal
Wuchshöhe: 1,5–1,7m
Züchter: unbekannt

Die gelb-orangen Früchte mit feinen roten Streifen sind ein echter Blickfang und hängen in großen Rispen an der Pflanze. Ihr Fruchtfleisch ist zart und schmeckt angenehm süß. Der „goldene Schmetterling" begeistert mit seiner leuchtenden Farbe und hervorragendem Geschmack – ein Muss für alle, die besondere Sorten lieben.

Kitty

Zur Sorte 'Kitty' sind nur wenige Informationen bekannt, auch ihre genaue Herkunft lässt sich nicht eindeutig belegen. Vermutlich handelt es sich um eine russische Züchtung. Auffällig ist die große Ähnlichkeit zur Sorte 'Blush' – die Früchte sind länglich, mit einer kleinen Spitze, und könnten durchaus auf eine Weiterzüchtung dieser Sorte hinweisen. Die Färbung ist ein attraktives Spiel aus Gelb, Orange und Rot. Geschmacklich überzeugt 'Kitty' mit einer fruchtig-süßen Note. Die Pflanzen sind äußerst produktiv und tragen zahlreiche Rispen mit jeweils 8 bis 12 Früchten.

factbox

Herkunft: unbekannt
Größe/Gewicht: 15–30 g
Farbe: gelb-orange
Fruchtform: länglich-oval
Reifezeit: früh (65 Tage)
Geschmack: süß-fruchtig
Laubform: normal
Wuchshöhe: ± 1,8m
Züchter: unbekannt

Anawine

'Anawine' ist vermutlich das Ergebnis einer spontanen Hybridisierung zwischen 'Red Brandywine' und 'Ananas'. Die Sorte wurde von Didier Meunier aus Frankreich über viele Jahre selektiert, um besonders große, platzfeste Ananasfrüchte hervorzubringen.

factbox

Herkunft: Frankreich
Größe/Gewicht: 300–900 g
Farbe: gelb-orange
Fruchtform: flachrund
Reifezeit: spät (80 Tage)
Geschmack: süß-fruchtig
Laubform: normal
Wuchshöhe: ± 1,8 m
Züchter: Didier Meunier

Das herausragendste Merkmal dieser Züchtung ist ihr außergewöhnlich süß-fruchtiger Geschmack – bei solch edlen Elternsorten kaum verwunderlich. Das Fruchtfleisch ist gelb mit satten roten Marmorierungen und ausgesprochen saftig. 'Anawine' zählt zu unseren absoluten Lieblingssorten – geschmacklich ein Volltreffer und optisch ein Genuss.

Coral Queen

'Coral Queen', die „Korallenkönigin", ist eine apricotfarbene bis orange Fleischtomate mit feinen rötlichen Adern. Entstanden ist sie durch Zufall: Ursprünglich hatte eine Gärtnerin namens Diana aus den Niederlanden eine gelbe Cocktailtomate ausgesät, aus der sich diese neue Sorte entwickelte. Der Name wurde später in einem Wettbewerb bestimmt. Die Früchte sind saftig, vollmundig und fruchtig-süß im Geschmack. Mit einem durchschnittlichen Gewicht von 120–250 g zählt 'Coral Queen' zu den mittelgroßen Fleischtomaten. Durch ihre kurze Reifezeit eignet sie sich bestens für den Freilandanbau – auch in kühleren Regionen liefert sie zuverlässig hohe Erträge.

factbox

Herkunft: Niederlande
Größe/Gewicht: 120–250 g
Farbe: gelb-rosa
Fruchtform: flachrund
Reifezeit: mittelspät (75 Tage)
Geschmack: süß-fruchtig
Laubform: normal
Wuchshöhe: ± 1,6 m
Züchter: unbekannt

Orange Orangutan

Bei 'Orange Orangutan' ist die genaue Herkunft unklar, vermutlich handelt es sich um eine russische Sorte. Die großen Früchte sind leuchtend orange gefärbt und zeigen eine rosafarbene Röte, die sich mit zunehmender Reife vor allem im oberen Bereich intensiviert. Auch das Fruchtfleisch ist zweifarbig – orange mit rosa Äderungen.

factbox

Herkunft: Russland?
Größe/Gewicht: 200–450 g
Farbe: orange
Fruchtform: flachrund
Reifezeit: spät (80 Tage)
Geschmack: ausgewogen
Laubform: normal
Wuchshöhe: ± 1,8 m
Züchter: unbekannt

Geschmacklich überzeugt 'Orange Orangutan' mit einer perfekt ausbalancierten Kombination aus Süße und Säure und einem angenehm fruchtigen Aroma. Ursprünglich habe ich die Sorte wegen ihres ungewöhnlichen Namens angebaut – doch sie hat mich überrascht: Im Freiland war die Ernte überwältigend und dauerte bis in den späten Herbst hinein. Von so guten Tomaten kann man wirklich nie genug haben.

Raduga Vkusa

'Raduga Vkusa' (РАДУГА ВКУСА) ist eine mittelfrühe Sorte aus Russland. Der Name bedeutet „Regenbogen des Geschmacks" – und das trifft es perfekt: Die Früchte zeigen einen eindrucksvollen Farbverlauf von Gelb zu Rot, der sich auch im Fruchtfleisch fortsetzt.

factbox

Herkunft: Russland
Größe/Gewicht: 120–200 g
Farbe: gelb-rot
Fruchtform: variabel
Reifezeit: mittelfrüh (70 Tage)
Geschmack: süß-fruchtig
Laubform: normal
Wuchshöhe: 1,5–1,8 m
Züchter: unbekannt

Die Tomaten sind birnen- bis pflaumenförmig, leicht gerippt und besitzen eine dicke Fruchtwand. Mit einem Gewicht von 120–200 g zählen sie zu den mittelgroßen Sorten. Geschmacklich kann 'Raduga Vkusa' mit den besten Bicolor-Tomaten mithalten: süß, fruchtig und harmonisch im Aroma. Eine ideale Sorte für den Frischverzehr, bunte Sommersalate oder auch zum Einkochen.

Cherokee Lime Stripes

'Cherokee Lime Stripes' wurde von Bill Jeffers aus Indiana aus der Sorte 'Cherokee Green' herausgezüchtet. Die Pflanzen sind äußerst robust, bilden ein dichtes Laubwerk und tragen reichlich Früchte. Diese erreichen ein Gewicht von 200 – 400 g, manchmal auch deutlich mehr.

factbox

Herkunft: USA
Größe/Gewicht: 200–400 g
Farbe: grün-rot
Fruchtform: flachrund
Reifezeit: mittelspät (75 Tage)
Geschmack: würzig-süß
Laubform: normal
Wuchshöhe: 1,7–2,0 m
Züchter: Bill Jeffers

Die Färbung ist spektakulär: Auf der grünen Grundfarbe liegen rosa und rote Streifen, und beim Aufschneiden zeigt sich ein wunderschön geädertes, grün-rosafarbenes Fruchtfleisch. Geschmacklich zählt 'Cherokee Lime Stripes' für mich zu den besten Tomaten überhaupt – ausgewogen süß mit einer feinen Säurenote, einfach perfekt.

Candy Sweet Icicle

'Candy Sweet Icicle' ist eine Züchtung von Brad Gates von der Wild Boar Farm in den USA und wurde 2014 veröffentlicht. Die länglichen, spitz zulaufenden Früchte sind wunderschön gelb-orange-rot gestreift und sehen fast zu schön zum Essen aus. Das Fruchtfleisch ist fest, saftig und steckt voller süßfruchtiger Aromen – einfach köstlich.

Die Pflanzen bleiben schlank, tragen hängendes Laub und kommen auch mit widrigem Wetter gut zurecht. An sonnigen Standorten bilden die Früchte besonders viel Zucker, ganz nach dem Motto: Der Name ist Programm. Es existiert auch eine Variante mit dunkleren Früchten, die sich geschmacklich jedoch nicht unterscheidet.

factbox

Herkunft: USA
Größe/Gewicht: 30–50 g
Farbe: orange-rosa
Fruchtform: oval
Reifezeit: mittelspät (75 Tage)
Geschmack: süß-fruchtig
Laubform: normal
Wuchshöhe: ± 1,8 m
Züchter: Brad Gates

Csikos Botermo

'Csikos Botermo' ist eine seltene Sorte aus Ungarn. „Bötermö" bedeutet „reich tragend" oder „ertragreich", und „csikos" heißt „gestreift" – der Name beschreibt die Sorte also treffend. Übrigens werden auch ungarische Pferdehirten „Csikós" genannt. Die rot-gelb gestreiften Früchte wiegen 40–80 g und erinnern optisch stark an die bekannte 'Tigerella', unterscheiden sich jedoch leicht im Geschmack: aromatisch und säurebetont, aber angenehm ausgewogen. Besonders an heißen Tagen oder im Salat ist sie ein Genuss. Die Pflanzen sind robust, sehr ertragreich und bringen oft schon früh in der Saison erste Früchte hervor. Auch für die Topfkultur ist 'Csikos Botermo' bestens geeignet.

Weitere Sorten: 'Grungy in the Sky Bicolor', 'Musk Zebra', 'Diamond Legs', 'Anna Meyer', 'Stellato di Bellinzona'

factbox

Herkunft: Ungarn
Größe/Gewicht: 40–80 g
Farbe: orange-rosa
Fruchtform: rund
Reifezeit: früh (65 Tage)
Geschmack: süß-sauer
Laubform: normal
Wuchshöhe: ± 1,8 m
Züchter: unbekannt

Ungewöhnliche Tomatenfarben

Manche Tomatensorten haben eine solch außergewöhnliche Färbung, dass sie in keine der vorherigen Kategorien passen. Wie wäre es mit einer Tomate in Terracotta-Optik oder in einem wilden Ockerton? In der Welt der Tomaten überrascht mich nichts mehr.

Inzwischen werden sogar Sorten gentechnisch so verändert, dass sie ein durchgehend violettes Fruchtfleisch entwickeln. Doch so weit wollen wir nicht gehen – bleiben wir lieber bei jenen faszinierenden Farben, die auf natürliche Weise durch klassische Züchtung entstanden sind.

Cote d´Zebra

'Cote d´Zebra' entstand aus einer Kreuzung von 'Sundrop' × 'Turk's Turban' und 'Green Zebra'. Das Ergebnis ist eine Sorte, die der bekannten 'Green Zebra' ähnelt, deren Früchte bei voller Reife jedoch bernsteinfarben werden. Das Fruchtfleisch leuchtet intensiv orange und überzeugt mit einem fruchtigen Aroma und einem einzigartigen Muskat-Nachgeschmack. Die Pflanzen bilden kräftige Stängel und dichtes Laub, in dem sich die Früchte beim Ernten gerne verstecken. Für viele gilt diese Züchtung von Tom Wagner als geschmacklich überlegene Variante der klassischen 'Green Zebra' – und farblich gibt es ohnehin nichts Vergleichbares.

factbox

Herkunft: USA
Größe/Gewicht: 60–100 g
Farbe: grün-orange
Fruchtform: rund
Reifezeit: mittelspät (75 Tage)
Geschmack: reichhaltig
Laubform: normal
Wuchshöhe: ± 1,6 m
Züchter: Tom Wagner

Thorburn´s Terracotta

'Thorburn´s Terracotta' ist eine alte Sorte aus den USA und wurde erstmals 1893 im Katalog von James Thorburn abgebildet. Der Firmengründer Grant Thorburn (1773-1863) war ursprünglich Nagelmacher in Schottland und wanderte 1794 im Alter von 21 Jahren nach New York aus, wo er später mit dem Verkauf von Saatgut begann. Leider verschwand die Firma während der Wirtschaftskrise von 1920-1921 - und mit ihr fast alle ihrer Sorten. Ich kenne keine andere Tomate mit einer derart

factbox

Herkunft: USA
Größe/Gewicht: 100-250 g
Farbe: terracotta
Fruchtform: flachrund
Reifezeit: mittelspät (75 Tage)
Geschmack: süß-ausgewogen
Laubform: normal
Wuchshöhe: ± 1,7 m
Züchter: unbekannt

honigbraunen Haut, man könnte sie tatsächlich als terracottafarben bezeichnen. Das Fruchtfleisch ist orange-rosa, die Samen liegen in einem grünen Gel. Der Geschmack ist süß und ausgewogen. 'Thorburn´s Terracotta' zählt für mich zu den ungewöhnlichsten Sorten überhaupt. Die Pflanzen sind robust und sehr produktiv, neigen jedoch trotz der dicken Haut gelegentlich zu Rissbildungen. Ein geschützter Standort ist daher empfehlenswert.

Elser Farm´s Brown Derby

'Elser Farm´s Brown Derby' ist eine Kreuzung aus 'Paul Robeson' und 'Aunt Ruby's German Green'. Entwickelt wurde sie von Maria und Darrel Elser auf der Elser´s Country Farm in Yucaipa, Kalifornien. Die Sorte besticht durch ihre außergewöhnliche Färbung: bronzefarben mit grünlichen Schultern.

factbox

Herkunft: USA
Größe/Gewicht: 150–300 g
Farbe: bronze
Fruchtform: flachrund
Reifezeit: mittelspät (75 Tage)
Geschmack: süß-reichhaltig
Laubform: normal
Wuchshöhe: ± 1,6 m
Züchter: Marie und Darrel Elser

Das Fruchtfleisch zeigt senf- und orangefarbene Töne, ist saftig, buttrig und hat eine angenehme Textur. Geschmacklich ist 'Elser Farm´s Brown Derby' süß-würzig und sehr ausgewogen. Mit ihrer ungewöhnlichen Optik ist diese Sorte ein echter Blickfang – und sie schmeckt ebenso gut, wie sie aussieht. Einziger kleiner Nachteil: Die Erträge sind eher durchschnittlich.

Longhorn

'Longhorn' ist eine neue Züchtung von J&L Gardens aus New Mexico. Es handelt sich um ein wunderschön gefärbtes Ochsenherz mit lilarotbrauner Haut und grün bleibenden Schultern. Das Fruchtfleisch ist dicht, enthält nur wenige Samen und überzeugt mit einem wunderbar reichhaltigen, süß-komplexen Aroma.

factbox

Herkunft: USA
Größe/Gewicht: 150–250 g
Farbe: purpurrot
Fruchtform: herzförmig
Reifezeit: mittelspät (75 Tage)
Geschmack: süß-reichhaltig
Laubform: normal
Wuchshöhe: ± 1,8 m
Züchter: J&L Gardens

Trotz des eher spärlichen Laubes tragen die Pflanzen reichlich Früchte mit einem Gewicht von bis zu 250 g. Der Name ist übrigens treffend gewählt: Longhorn bezeichnet eine alte Rinderrasse mit charakteristisch langen Hörnern, die eine Spannweite von bis zu 2,5 Metern erreichen können.

Tiger Zebra

'Tiger Zebra' ist eine Kreuzung aus 'Orange Walk' und 'Lucky Tiger', gezüchtet von der aus Dänemark stammenden Anita Lindhart. Die länglichen Früchte enden oft in einem leicht gebogenen „Haken" an der Spitze – ein unverwechselbares Merkmal dieser Sorte.

factbox

Herkunft: Dänemark
Größe/Gewicht: 40–60 g
Farbe: rot-braun
Fruchtform: länglich-oval
Reifezeit: mittelfrüh (70 Tage)
Geschmack: süß-würzig
Laubform: normal
Wuchshöhe: ± 1,5m
Züchter: Anita Lindhard

Die Haut ist rotorange bis rostfarben und mit grünen Streifen durchzogen. Innen zeigt sich festes, blutrotes Fruchtfleisch mit einem ungewöhnlich süßen, zugleich würzigen Geschmack. Die Früchte wiegen etwa 40–60 g und sind gut lagerfähig. Die kompakten Pflanzen werden rund 1,2 m hoch und tragen zuverlässig. In Form und Färbung erinnert 'Tiger Zebra' stark an die Sorte 'Emalia'.

Soul Patch

'Soul Patch' ist eine Kreuzung aus 'Orange Pixie' und 'Aces High', gezüchtet vom US-amerikanischen Tomatenzüchter Blane Horton. Der Name bedeutet so viel wie „Seelenpflaster" – passend zu einer Sorte mit Charakter und ungewöhnlicher Erscheinung.

Die Früchte zeigen eine seltene bronzene bis siena-farbene Tönung, die an die ockerfarbenen Böden rund um Siena erinnert. Dieser warme Farbton entsteht durch die transparente Haut, während die Schultern grün bleiben. Das Fruchtfleisch ist sehr saftig, reich an Gel und Samen, und überzeugt mit einem süß-reichhaltigen Geschmack.

Als Buschtomate bleibt 'Soul Patch' kompakt, erreicht etwa 1 m Höhe und eignet sich hervorragend für die Topfkultur.

Weitere Sorten:
'Amarillo Armadillo', 'Le Sirop d'érable'

factbox

Herkunft: USA
Größe/Gewicht: 30–50 g
Farbe: Bronze
Fruchtform: oval
Reifezeit: sehr früh (60 Tage)
Geschmack: süß-reichhaltig
Laubform: Kartoffelblättrig
Wuchshöhe: ± 1,0 m
Züchter: Blane Horton

Alles außer gewöhnlich – Besonderheiten der Tomatenwelt

Neben außergewöhnlichen Formen und Farben gibt es noch viele weitere Überraschungen in der Welt der Tomaten. Einige Sorten bilden riesige Rispen mit weit über 100 Früchten, andere überraschen mit weiß-bunt geflecktem Laub anstelle klassisch grüner Blätter. Besonders spannend sind jene mit ungewöhnlichen Namen – hinter ihnen steckt fast immer eine interessante Geschichte. Und selbst wer meint, keinen Platz für Tomaten zu haben, wird fündig: Es gibt winzige Zwergsorten, die selbst in kleinen Töpfen prächtig gedeihen.

Multiflora-Sorten

Je nach Sorte und Fruchtgröße kann die Anzahl der Tomaten pro Rispe stark variieren – von wenigen Früchten bis hin zu 20 oder 30 Stück. Einige Sorten setzen dem jedoch die Krone auf: sogenannte *Multiflora*-Sorten bilden beeindruckende Rispen mit teilweise über 100 Früchten. Das sieht nicht nur spektakulär aus, sondern schmeckt auch – denn viele dieser Sorten überzeugen trotz der enormen Anzahl an Früchten mit gutem Aroma. Da so viele Blüten gebildet werden, bleiben die einzelnen Tomaten meist kleiner; die größten *Multiflora*-Typen erreichen etwa 40–50 g. Für eine optimale Versorgung der Pflanze sollte man nicht alle Rispen belassen, sondern einige entfernen, damit die übrigen Früchte besser ausreifen können.

Centiflor Black

Bei 'Centiflor Black' handelt es sich um eine spontane Mutation der roten 'Centiflor', die von Alan Kapular gezüchtet wurde. Für die rote Variante hatte er verschiedene Wildtomaten miteinander gekreuzt. Die Mutation zur braunen Form trat im Garten von Graham Jenkins-Belohorska in England auf. 'Centiflor Black' bildet riesige Rispen mit platzfesten, süßen Früchten. Die Sorte ist sehr robust und auch kälteresistent. Geschmacklich spielt sie trotz der vielen Früchte in der oberen Liga und zählt zu unseren Favoriten. Tomaten zum Ernten gibt es reichlich – der Name Centiflor verweist bereits auf die üppigen Rispen mit über 100 Früchten. Es existiert übrigens auch noch eine orange und eine gelbe Variante.

factbox

Herkunft: England
Größe/Gewicht: 15–20 g
Farbe: braun
Fruchtform: oval
Reifezeit: mittelfrüh (70 Tage)
Geschmack: süß
Laubform: normal
Wuchshöhe: 1,5–2,0 m
Züchter: Graham Jenkins-Belohorska

Bolivian Wild

'Bolivian Wild' ist eine Wildsorte, die ursprünglich aus den westlichen Anden in Bolivien stammt. Wildtomaten sind stark wüchsig und bilden unzählige Triebe aus. Diese kann man ruhig alle belassen, denn Wildtomaten sind sehr robust. Im Gegensatz zu vielen anderen Wildtomaten bildet

factbox

Herkunft: Bolivien
Größe/Gewicht: 15–20 g
Farbe: gelb-orange
Fruchtform: rund
Reifezeit: mittelfrüh (70 Tage)
Geschmack: süß-fruchtig
Laubform: normal
Wuchshöhe: ± 1,8 m
Züchter: unbekannt

'Bolivian Wild' relativ große Früchte mit einem Gewicht von 15–20 g. Die Sorte ist unglaublich produktiv, die ganze Pflanze über und über mit großen Blütenrispen bedeckt. Der Geschmack ist süß-fruchtig. 'Bolivian Wild' überzeugt mit einem tollen Ertrag – Kinder werden die süßen gelben Früchte lieben!

Barry's Crazy Cherry

Die 2014 veröffentlichte 'Barry's Crazy Cherry' ist eine der besten Züchtungen von Brad Gates. Es handelt sich um eine unglaublich produktive Multiflora-Sorte mit großen Rispen von durchschnittlich 20–40 Früchten, vereinzelt sind sogar noch größere Rispen möglich.

factbox

Herkunft: USA
Größe/Gewicht: 15–20 g
Farbe: weiß-gelb
Fruchtform: oval
Reifezeit: mittelfrüh (70 Tage)
Geschmack: süß
Laubform: normal
Wuchshöhe: ± 1,5 m
Züchter: Brad Gates

Die ovalen Früchte enden in einer kleinen, ausgeprägten Spitze und haben ein knackiges, saftiges Fruchtfleisch. Der Geschmack ist extra süß mit einer feinen Honignote – etwas ganz Besonderes. Wenn man diese Sorte seinen Gästen präsentiert, werden sie aus dem Staunen nicht herauskommen, und der Geschmack wird sie begeistern.

Zluta Kytice

'Zluta Kytice' ist eine Multiflora-Sorte aus Tschechien, die 1997 im *Seed Savers-Jahrbuch* vorgestellt wurde. Der Name bedeutet „Gelbe Blumen" – und das passt perfekt.

factbox

Herkunft: Tschechien
Größe/Gewicht: 10–15 g
Farbe: gelb
Fruchtform: oval
Reifezeit: mittelfrüh (70 Tage)
Geschmack: süß-ausgewogen
Laubform: normal
Wuchshöhe: ± 1,5 m
Züchter: unbekannt

Die ganze Pflanze ist über und über bedeckt mit kleinen, goldgelben Früchten, die in Rispen mit bis zu 100 Stück wachsen. Sie gehört zu den produktivsten Sorten überhaupt. Bei dieser enormen Fruchtfülle empfiehlt es sich, höchstens drei bis vier Rispen pro Pflanze zu belassen, damit die Früchte gut versorgt werden. 'Zluta Kytice' ist eine Sorte, mit der man garantiert Eindruck macht.

Dark Stripe Micro

'Dark Stripe Micro' war erstmals 2020 bei Renaissance Farms erhältlich. Der Besitzer der Farm, Curtis Jackson, selektierte Samen einer F3-Generation weiter, bis diese außergewöhnliche Sorte stabil war.
Vom „Micro" im Namen sollte man sich nicht täuschen lassen – es handelt sich keineswegs um eine echte Microdwarf-Sorte, auch wenn sie in kleinen Töpfen gut gedeiht. Ihr volles Potenzial entfaltet sie, wenn sie ausreichend Platz zum Wurzeln bekommt.
Dann wird sie zu einem wahren Blütenwunder, mit Clustern von 40–60 Früchten und insgesamt bis zu 250 an einer Pflanze – eine echte Multiflora-Dwarf-Sorte. Die Fruchtgröße ist sehr variabel, sie reicht von winzig bis zu stattlichen Cocktailtomaten. Der Geschmack ist süß-würzig – eine kleine Geschmacksexplosion.

factbox

Herkunft: USA
Größe/Gewicht: 15–30 g
Farbe: grün-braun
Fruchtform: oval
Reifezeit: mittelfrüh (70 Tage)
Geschmack: süß-reichhaltig
Laubform: kartoffelblättrig
Wuchshöhe: +/-0,6 m
Züchter: Curtis Jackson

Amber Keyes

'Amber Keyes' ist Teil der bekannten *Keyes*-Serie, die aus einer Kreuzung der Sorten 'Black Plum' und 'Sweet Beverley' hervorging. Züchter ist Blane Horton aus Jackson, Mississippi (USA).
Es handelt sich um eine Multiflora-Sorte mit großen Fruchtständen, die mehrere Dutzend Früchte tragen. Diese reifen in einem warmen Bernsteinton ab – daher der Name. 'Amber Keyes' zählt zu den frühen Sorten, die schon zeitig in der Saison erste Früchte liefern, und produziert unermüdlich bis zum ersten Frost.
Im Geschmack dominiert eine angenehme Süße mit fruchtiger Note, während Säure kaum spürbar ist. Wie alle Sorten der Keyes-Serie ist auch 'Amber Keyes' äußerst robust und rundum empfehlenswert.

factbox

Herkunft: USA
Größe: 15–20 gr.
Farbe: olivgrün
Fruchtform: oval
Reifezeit: mittelfrüh (70 Tage)
Geschmack: süß-fruchtig
Laubform: normal
Wuchshöhe: ± 1,6 m
Züchter: Blane Horton

Weitere Sorten: 'Anna's Multiflora', 'Centiflor Orange', 'Centiflor Yellow', 'Rebel Alliance', 'Yellow Quartz', 'Lucifichoise'

Tomaten mit ungewöhnlichen Namen

Jeder Tomatenzüchter kann seine Sorten nach Herzenslust benennen. Oft tragen sie den Namen des Züchters oder von Personen, oder die Bezeichnungen orientieren sich an Fruchtform und -farbe. Auch Orte fließen häufig in die Namensgebung ein.
Ein amerikanischer Züchter hat seine Sorten beispielsweise nach Raumschiffen aus Star Wars benannt. Bill Yoder, ein anderer Züchter, widmete eine ganze Kollektion von Tomaten Songtiteln von Prince und Depeche Mode. Und der bekannte Brad Gates gab vielen seiner Sorten den Namenszusatz „Boar" - in Anlehnung an seine Farm, die „Wild Boar Farms". Der Fantasie sind keine Grenzen gesetzt. Immer wieder begegnen einem besonders kuriose Namen, hinter denen sich oft spannende Geschichten verbergen.

Girl Girl's Weird Thing

'Girl Girl's Weird Thing' (übersetzt: „Das verrückte Ding von Girl Girl") ist vermutlich eine Mutation von 'Green Zebra' oder 'Berkeley Tie Dye', die im Garten von Jessica Hughes in Kanada aufgetreten ist. Benannt wurde die Sorte nach ihrem Hund „Girl Girl", der bevorzugt Tomaten stahl und auch fraß.

factbox

Herkunft: Kanada
Größe/Gewicht: 150–400 g
Farbe: grün-braun
Fruchtform: flachrund
Reifezeit: mittelspät (75 Tage)
Geschmack: süß-reichhaltig
Laubform: normal
Wuchshöhe: ± 2,0 m
Züchter: Jessica Hughes

Die Färbung der Früchte ist spektakulär: grün-braun gestreift, und diese tolle Zeichnung setzt sich auch im Inneren fort. Der Geschmack ist süß, reichhaltig und harmonisch ausbalanciert.
Die Fleischtomaten erreichen ein Gewicht von 150–400 g. 'Girl Girl's Weird Thing' ist vielseitig verwendbar – und sieht einfach umwerfend aus.

Plan 9 from Outer Space

'Plan 9 from Outer Space' wurde nach dem Science-Fiction- und Horrorfilm von 1956 benannt, der laut einer Filmdatenbank angeblich „der schlechteste Film aller Zeiten" ist. Die Sorte entstand als Zufallskreuzung, entdeckt von Remy Rotella, und wurde aus Samen der Sorte 'Solar Flare' gezogen. Die Früchte zeigen eine wunderschöne Färbung von Gelb bis Rot, auch das Fruchtfleisch ist intensiv marmoriert und sehr saftig. Der Geschmack ist süß mit einer milden Säure.

factbox

Herkunft: USA
Größe/Gewicht: 200–350 g
Farbe: gelb-orange
Fruchtform: flachrund
Reifezeit: mittelspät (75 Tage)
Geschmack: süß-fruchtig
Laubform: normal
Wuchshöhe: ± 2,2 m
Züchter: Remy Rotella

Manchmal fragt man sich, nach welchen Kriterien Tomaten ihre Namen erhalten – denn diese Sorte ist keineswegs so schlecht wie „der schlechteste Film aller Zeiten". Im Gegenteil: 'Plan 9 from Outer Space' ist eine außergewöhnlich schöne und geschmacklich überzeugende Tomate.

Rebel Starfighter Prime

'Rebel Starfighter Prime' entstand aus einer Kreuzung von 'Xanadu Picasso' und 'Reinhard's Green Heart' in den USA.
Züchter ist Russ Crowe, ein begeisterter Star Wars-Fan, der die Sorte nach einem Sternenjäger aus dem berühmten Film benannte.
Die Früchte beeindrucken durch ihre außergewöhnliche Färbung: sehr dunkle Schultern, eine rotbraune Grundfarbe und darüber metallisch grüne Streifen. Die Größe variiert zwischen 100 und 200 g. Kleinere Früchte sind eher konisch-herzförmig, größere wirken rundlich und kompakt.
Der Geschmack von 'Rebel Starfighter Prime' ist süß und reichhaltig, das Fruchtfleisch fest und aromatisch.
Als Star Wars-Fan musste ich diese Sorte natürlich selbst ausprobieren – und sie hat mich mit ihrer spektakulären Färbung und ihrem hervorragenden Geschmack voll überzeugt.

factbox

Herkunft: USA
Größe/Gewicht: 100–200 g
Farbe: rot-lila
Fruchtform: herzförmig
Reifezeit: mittelspät (75 Tage)
Geschmack: süß-reichhaltig
Laubform: normal
Wuchshöhe: ± 2,0 m
Züchter: Russ Crowe

Myona

Die Geschichte dieser Sorte ist eine meiner liebsten. Ursprünglich stammt 'Myona' aus Italien, wurde aber mit einem Auswanderer in die USA gebracht. Dort verkaufte der Mann seine Tomaten auf einem Markt, den auch der bekannte New Yorker Tomatensammler Andrew Rahart besuchte. Als Rahart fragte, welche Sorte das sei, antwortete der Verkäufer in gebrochenem Englisch: „It's my owna"

factbox

Herkunft: Italien/USA
Größe/Gewicht: 100–200 g
Farbe: rot
Fruchtform: variabel
Reifezeit: mittelspät (75 Tage)
Geschmack: süß-reichhaltig
Laubform: normal
Wuchshöhe: +/-1,8 m
Züchter: unbekannt

– also „meine eigene". Aus diesem Ausspruch entstand der charmante Name *Myona*.
Die Früchte wiegen zwischen 100 und 200 g und zeigen eine variable Form – von herzförmig über länglich bis spitz zulaufend. Das feste Fruchtfleisch hat einen reichhaltigen, leicht säuerlichen Geschmack. 'Myona' eignet sich hervorragend für Soßen, schmeckt aber auch frisch ausgesprochen gut – ungewöhnlich für eine klassische Soßensorte. Die Pflanzen sind ertragreich, wetterfest und zuverlässig. Eine tolle Geschichte und eine ebenso tolle Sorte – unbedingt anbauen!

Chupa-Chups Orange

'Chupa-Chups Orange' stammt von einem Züchter aus den USA. Die Kreuzungssorten waren 'Lucid Gem' und 'Gelbe Jakobsmuscheln', aus denen mehrere Farbvarianten in Rosa, Rot und Orange hervorgingen. Die orange Variante zeigt je nach Pflanze mehr oder weniger ausgeprägte Spuren von Anthocyan an den Schultern. Das Fruchtfleisch ist wunderschön zweifarbig, orange-rot marmoriert. Im Geschmack ist die Sorte außergewöhnlich süß und fruchtig – der Name 'Chupa-Chups' ist hier Programm. Sie schmeckt fast so süß wie die bekannten Lollis, ist aber garantiert gesünder – echtes Tomaten-Candy!

factbox

Herkunft: USA
Größe/Gewicht: 200–400 g
Farbe: orange-schwarz
Fruchtform: flachrund
Reifezeit: mittelspät (75 Tage)
Geschmack: süß-fruchtig
Laubform: normal
Wuchshöhe: ± 1,8 m
Züchter: unbekannt

Feuerwerk

'Feuerwerk' habe ich von Irina Zacharias erhalten. Die Sorte stammt aus der Sammlung ihrer Eltern, wurde über 40 Jahre lang weiterkultiviert und dadurch erhalten. Ursprünglich kommt sie aus Russland.

factbox

Herkunft: Russland
Größe/Gewicht: 200–500 g
Farbe: rot
Fruchtform: flachrund
Reifezeit: mittelspät (75 Tage)
Geschmack: fruchtig-würzig
Laubform: normal
Wuchshöhe: ± 1,8 m
Züchter: unbekannt

Die roten Früchte zählen mit ihren goldgelben und silbrigen Sprenkeln zu den schönsten, die die Welt der Tomaten zu bieten hat – der Name ist hier wirklich Programm. Der Geschmack ist fruchtig und würzig, viele würden sagen: genauso muss eine „gute, alte" Tomate schmecken. Die Fruchtform ist variabel – neben flachrunden Exemplaren kommen auch herz- und zwiebelförmige Früchte vor. Feuerwerk bauen wir seit vielen Jahren regelmäßig an und freuen uns immer wieder auf die tollen Früchte.

Rosa Flamingo Striped

'Rosa Flamingo Striped' – auf Russisch „Rozovyy Flamingo Polosatyy" – stammt wahrscheinlich aus Russland. Der ungewöhnliche Name erklärt sich durch die Form der Früchte: An ihrer Spitze erinnert sie an den Schnabel eines Flamingos. Die Färbung ist spektakulär: die rosa Haut wird von goldgelben und orangen Streifen durchzogen. Das Fruchtfleisch ist fest und samenarm, der Geschmack ausgewogen, süß-fruchtig und aromatisch.
'Rosa Flamingo Striped' überzeugt mit gutem Geschmack und einer beeindruckenden Fruchtfülle.

factbox

Herkunft: Russland
Größe/Gewicht: 80–200 g
Farbe: gelb-rosa
Fruchtform: länglich-oval
Reifezeit: mittelspät (75 Tage)
Geschmack: süß-fruchtig
Laubform: normal
Wuchshöhe: ± 1,8 m
Züchter: unbekannt

Dirty Little Chicken

Der Name 'Dirty Little Chicken' bezieht sich auf die gelb gefärbten, gesprenkelten Früchte, deren unregelmäßige Flecken an ein „staubiges" Hühnerküken-Gefieder erinnern – daher der originelle Name. Kreiert wurde die Sorte von Dean Slater aus den

factbox

Herkunft: USA
Größe/Gewicht: 100–250 g
Farbe: gelb
Fruchtform: flachrund
Reifezeit: mittelfrüh (70 Tage)
Geschmack: mild-fruchtig
Laubform: normal
Wuchshöhe: ± 1,5 m
Züchter: Dean Slater

USA und 2017 veröffentlicht. Eigentlich als Zwergsorte gedacht, erreicht sie dennoch eine Höhe von rund 1,5 m und ist damit fast normalwüchsig.
Die Früchte wiegen zwischen 100 und 250 g. Das Fruchtfleisch ist sehr saftig und schmeckt mild-fruchtig. 'Dirty Little Chicken' eignet sich hervorragend für Sandwiches, zum Garnieren oder auch zum Einkochen.

Baselbieter Röteli

'Baselbieter Röteli' ist eine Lokalsorte aus dem Kanton Baselland in der Schweiz. In der Umgangssprache wird dieses Gebiet auch *Baselbiet* genannt. „Röteli" ist übrigens ein traditioneller Kirschlikör aus Graubünden – und dank ihrer dunkelroten Früchte trägt diese Tomate wohl ihren Namen zu Recht.
Die mittelfrüh reifende Sorte bildet Trauben mit 7–9 Früchten, die jeweils 30–40 g wiegen. Die ovalen Tomaten enthalten wenig Saft, sind eher weich und schmecken mild und leicht süß. Damit eignen sie sich perfekt zum Trocknen, schmecken aber auch frisch hervorragend.
Die Pflanzen sind robust, kaum krankheitsanfällig und kommen gut mit kühleren Temperaturen zurecht – kein Wunder, schließlich stammen sie aus der Schweiz.

factbox

Herkunft: Schweiz
Größe/Gewicht: 30–40 g
Farbe: rot
Fruchtform: oval
Reifezeit: mittelfrüh (70 Tage)
Geschmack: mild-süß
Laubform: normal
Wuchshöhe: ± 1,8 m
Züchter: unbekannt

Zagadka Doliny Roz

'Zagadka Doliny Roz' bedeutet übersetzt so viel wie „Rosental-Rätsel" und stammt aus Russland. Was genau der Name mit den Tomaten zu tun hat, bleibt tatsächlich ein Rätsel.
Die Früchte haben eine ungewöhnliche, pfefferähnliche Form. Das Fruchtfleisch ist sehr fleischig, leicht saftig und ausgesprochen schmackhaft mit einer angenehmen Süße.

factbox

Herkunft: Russland
Größe/Gewicht: 100–200 g
Farbe: rosa
Fruchtform: länglich-oval
Reifezeit: mittelspät (75 Tage)
Geschmack: süß
Laubform: normal
Wuchshöhe: ± 1,8 m
Züchter: unbekannt

Die Sorte eignet sich hervorragend für Soßen oder zum Trocknen, kann aber ebenso gut frisch oder im Salat genossen werden. Die Pflanzen sind widerstandsfähig, krankheitsresistent und bestens für den Freilandanbau geeignet. Das ungewöhnliche Aussehen in Kombination mit dem hervorragenden Geschmack hat uns vollends überzeugt.

Weitere Sorten: 'Blue Suede Shoes', 'Taste Patio', 'Winnie the Pooh', 'Sperm Whale Kashalot', 'Monkey Ass', 'Jersey Devil'

Tomaten mit besonderem Laub

Das gewöhnliche Tomatenblatt ist meist mehr oder weniger stark gefiedert. Es gibt jedoch auch Sorten mit ganz besonderem Laub. Am häufigsten trifft man sogenannte Kartoffelblätter an – deren Form erinnert tatsächlich stark an das Laub einer Kartoffelpflanze. Ist das Blatt besonders fein gefiedert, spricht man von *Karottenlaub*, eine Seltenheit unter den Tomaten. Außerdem existieren Züchtungen mit sogenanntem *panaschierten Laub*: Die Blätter sind dabei nicht einheitlich grün, sondern zeigen weiße Sprenkel und Punkte. Diese Erscheinung beruht auf einem Gendefekt und sieht spektakulär aus. Solche Sorten haben neben den essbaren Früchten auch einen hohen Zierwert – genau wie die ersten Tomatenpflanzen, die nach Europa gelangten. Damals galten sie ausschließlich als Zierpflanzen mit schönen Blüten, ihre Früchte wagte zunächst niemand zu essen.

Baron Solemaher

'Baron Solemaher' ist eine kompakt wachsende Buschtomate aus der Ukraine. Das Besondere an dieser Sorte ist ihr dunkelgrünes, fein gefiedertes *Karottenlaub* – man könnte fast meinen, es handle sich um eine Karotte, die Tomaten trägt.
Die saftigen Früchte erreichen ein Gewicht von etwa 60–120 g. Ihr Geschmack ist süß mit einer leicht herben Note. Die Pflanzen bleiben mit rund 60 cm Höhe sehr niedrig, sind äußerst robust und eignen sich hervorragend für den Anbau in Töpfen.
'Baron Solemaher' ist eine ideale Sorte für Einsteiger – pflegeleicht, dekorativ und zuverlässig im Ertrag. Unter diesem Namen existiert übrigens auch eine Erdbeersorte.

factbox

Herkunft: Ukraine
Größe/Gewicht: 60–120 g
Farbe: rot
Fruchtform: rund
Reifezeit: früh (65 Tage)
Geschmack: süß-sauer
Laubform: karottenblättrig
Wuchshöhe: ± 0,6 m
Züchter: unbekannt

Shimofuri

'Shimofuri' ist eine Züchtung von Applestar und entstand aus einer Kreuzung von 'Whippersnapper' und 'Faelan's First Snow'. Von 'Faelan's First Snow' hat sie das bunt panaschierte Laub und die gestreiften Stängel geerbt. Im Wuchs ist sie nicht ganz so überhängend wie 'Whippersnapper' und bildet etwas größere Früchte.

factbox

Herkunft: USA
Größe/Gewicht: 20–30 g
Farbe: rosa
Fruchtform: oval
Reifezeit: mittelfrüh (70 Tage)
Geschmack: süß-fruchtig
Laubform: normal
Wuchshöhe: ± 0,8 m
Züchter: Applestar

„Shimofuri" (霜降り) bedeutet wörtlich „Frostfall". Im Japanischen beschreibt das Wort etwas Weiß-Gestreiftes, Gesprenkeltes oder Marmoriertes – und wird häufig für fein marmoriertes Rind- oder Thunfischfleisch verwendet.
Mit ihrem bunten Laub ist die Pflanze eine echte Zierde. Zudem ist sie ausgesprochen ertragreich und trägt zahlreiche ovale Früchte mit einem Gewicht von 20–30 g. Der süß-fruchtige und zugleich würzige Geschmack stammt von der 'Whippersnapper'. 'Shimofuri' erreicht eine Höhe von etwa 80 cm.

Moonlight Mile

'Moonlight Mile' ist eine der schönsten Sorten, die ich je angebaut habe. Gezüchtet wurde sie von Blane Horton aus den USA. Sie entstand aus einer Kreuzung von 'Karson's Fist' (rosa gestreifte Früchte mit panaschiertem Kartoffellaub) und 'Faelan's First Snow' (lila Beefsteak, normalblättrig und ebenfalls panaschiert). Das Ergebnis ist eine Sorte, die sowohl optisch als auch geschmacklich beeindruckt.

factbox

Herkunft: USA
Größe/Gewicht: 50–80 g
Farbe: grün-braun
Fruchtform: oval
Reifezeit: mittelspät (70 Tage)
Geschmack: süß-klassisch
Laubform: normal
Wuchshöhe: ± 1,2 m
Züchter: Blane Horton

Das Laub ist intensiv weiß-grün panaschiert, der Stängel ebenfalls deutlich gestreift. Auch die Früchte zeigen eine feine Streifung und reifen in einem violett-roten Ton ab, während die metallisch glänzenden Linien erhalten bleiben.
Jeweils vier bis fünf Früchte hängen an einer Rispe. Sie haben eine feste, dicke Haut und ein buttrig-weiches Fruchtfleisch. Der Geschmack ist intensiv süß mit klassischem Tomatenaroma. 'Moonlight Mile' ist eine außergewöhnliche Sorte für den Frischverzehr oder den Salat – optisch wohl kaum zu übertreffen.

Iris Magic

Die genaue Herkunft von 'Iris Magic' ist nicht dokumentiert. Vermutlich handelt es sich um eine Weiterzüchtung der ostdeutschen Buschtomate 'Iris', die mit Sorten mit bunt panaschiertem Laub gekreuzt wurde.
Die Pflanzen entwickeln ein wunderschönes, bunt gemustertes Laub in Weiß und verschiedenen Grüntönen, während auch der Stängel dekorativ grün gestreift ist. Die leuchtend roten Früchte wiegen 50–100 g und besitzen den klassischen, aromatischen Tomatengeschmack – wohl ein Erbe der Ursprungssorte 'Iris', die ebenfalls so schmeckt. Mit einer Wuchshöhe von etwa 120–150 cm bleibt 'Iris Magic' kompakt und eignet sich bestens für den Anbau in großen Töpfen. So lässt sich dieser echte Hingucker auch wunderbar auf Balkon oder Terrasse präsentieren.

factbox

Herkunft: unbekannt
Größe/Gewicht: 50–100 g
Farbe: rot
Fruchtform: rund
Reifezeit: mittelfrüh (70 Tage)
Geschmack: süß-sauer
Laubform: normal panaschiert
Wuchshöhe: ± 1,5 m
Züchter: unbekannt

Weitere panaschierte Sorten:
'Shimofuri', 'Potato Leaf Variegated'
Weitere Sorten mit Karottenlaub:
'Silbertanne', 'Fearnleaf'

Zwergtomaten

Wenn wir an Tomaten denken, kommen uns meist Gewächshäuser in den Sinn, in denen die Stauden bis zur Decke wachsen. Die durchschnittliche Wuchshöhe der meisten Sorten liegt zwischen 80 cm und 2 m. Doch es gibt auch wahre Zwerge unter den Tomaten – Pflanzen, die kaum höher als 40 cm werden und trotzdem einen beachtlichen Ertrag liefern. Im Englischen nennt man sie „Microdwarfs", also Mikrozwerge. Diese Sorten eignen sich ideal für den platzsparenden Anbau in kleinen Töpfen oder auf engem Raum – perfekt für Balkon, Terrasse oder Fensterbank.

Aztek

'Aztek' stammt vom tschechischen Saatguthersteller Moravoseed und wurde durch den Vertrieb von Bunnyhops Seeds in den USA populär.
Die kompakte Pflanze erreicht eine Höhe von etwa 50 cm und trägt zahlreiche gelbe Früchte mit einer kleinen Spitze. Der kräftige Stiel sollte dennoch gestützt werden, damit er unter dem Gewicht der Früchte nicht umknickt. Auf jeder Rispe sitzen rund zehn Tomaten mit fruchtig-süßem, leicht säuerlichem Geschmack.
Das Fruchtfleisch ist fest, die Haut relativ dick, wodurch die Früchte auch im reifen Zustand lange an der Pflanze bleiben können. 'Aztek' eignet sich hervorragend für den Anbau in Töpfen und lässt sich sogar im Winter im Haus kultivieren – perfekt für frischen Tomatensalat in der kalten Jahreszeit. Diese Tomaten werden sicher besser schmecken als die aus dem Supermarkt.

factbox

Herkunft: Tschechien
Größe/Gewicht: 15–30 g
Farbe: gelb
Fruchtform: rund
Reifezeit: früh (65 Tage)
Geschmack: süß-leicht säuerlich
Laubform: normal
Wuchshöhe: ± 0,5 m
Züchter: Moravoseed

Dwarf Birdie Rouge

'Dwarf Birdie Rouge' ist die rote Variante der gelben 'Dwarf Birdie Jaune'. Über ihre genaue Herkunft ist wenig bekannt, möglicherweise stammt sie aus den Niederlanden.

factbox

Herkunft: Niederlande?
Größe/Gewicht: 15–25 g
Farbe: rot
Fruchtform: rund
Reifezeit: früh (65 Tage)
Geschmack: süß
Laubform: normal
Wuchshöhe: ± 0,3 m
Züchter: unbekannt

Die runden Früchte wiegen etwa 15–25 g und schmecken angenehm süß. Sie reifen sehr früh – oft in weniger als 60 Tagen. Für eine Zwergsorte ist 'Birdie Rouge' ausgesprochen produktiv.
Wie die gelbe Variante bleibt sie mit 30–40 cm Wuchshöhe sehr kompakt und eignet sich ideal für den Anbau in kleinen Töpfen. Diese sollten jedoch ein Volumen von etwa 10–15 l haben, um die Pflanzen optimal zu versorgen.

Utenok

'Utenok' (Утёнок), auf Englisch „Duckling" und auf Deutsch „Entlein", ist eine etwa 50 cm hohe Buschtomate aus Russland. Die orangen, platzfesten Früchte enden in einer kleinen Spitze und werden 50–60 g schwer. Der Geschmack ist köstlich,

factbox

Herkunft: Russland
Größe/Gewicht: 30–60 g
Farbe: orange
Fruchtform: rund
Reifezeit: früh (65 Tage)
Geschmack: süß-fruchtig
Laubform: normal
Wuchshöhe: ± 0,5 m
Züchter: unbekannt

sehr süß und fruchtig. Trotz der geringen Höhe ist der Ertrag sehr gut. Die Pflanzen kommen auch mit kleineren Töpfen gut zurecht, und selbst bei kühlerem Klima ist der Fruchtansatz zuverlässig. Die durchschnittliche Reifezeit beträgt 65–70 Tage, bei guten Bedingungen auch weniger. Alles in allem ist das „Entlein" eine sehr empfehlenswerte Buschtomate, die so ziemlich alles aushält und perfekt in Töpfen auf dem Balkon kultiviert werden kann.

Lil' Peeps

'Lil' Peeps' entstand aus einer Kreuzung von 'Floragold Basket' mit ('Orange Pixie' × 'Orange Strawberry'). Gezüchtet wurde die Sorte von Bunny Hops Seeds aus den USA.

factbox

Herkunft: USA
Größe/Gewicht: 15–20 g
Farbe: gelb-orange
Fruchtform: oval
Reifezeit: mittelfrüh (70 Tage)
Geschmack: süß-würzig
Laubform: normal
Wuchshöhe: ± 0,4 m
Züchter: Bunny Hops Seeds

Die gelb-orangen Früchte werden 15–20 g schwer und laufen in einer kleinen Spitze aus, die leicht außermittig sitzt – dadurch erinnern sie an kleine Vogelschnäbel. Zugleich ähneln sie den bekannten Marshmallow-Süßigkeiten Peeps, was den Namen besonders passend macht.
Das saftige Fruchtfleisch schmeckt angenehm süß mit einer würzigen Note und erinnert leicht an grüne Weintrauben. Wichtig ist, die Früchte vollständig ausreifen zu lassen – nur dann entfaltet sich ihr volles Aroma.
Die Pflanzen bleiben mit 30–40 cm Höhe sehr kompakt und eignen sich hervorragend für den Anbau in Töpfen oder Ampeln.

Rezepte – alles mit Tomaten

Wer viele Tomaten im Garten hat, steht unweigerlich vor der Frage: Was tun mit all den Früchten? Bei uns wandern sie bevorzugt in den Kochtopf oder ins Backrohr und werden zu köstlichen Vorräten für die tomatenfreie Zeit eingekocht. Aus Tomaten lassen sich unzählige Gerichte zaubern – so abwechslungsreich wie die Früchte selbst. Und was gibt es Schöneres, als mit Tomaten aus dem eigenen Garten aromatische Speisen zuzubereiten? In diesem Sinne: viel Freude beim Nachkochen und guten Appetit!

Tomaten-Sugo
(auch zum Einkochen)

Eines unserer liebsten und meistgekochten Rezepte ist das für Tomaten-Sugo – ein einfaches, vielseitiges Grundgericht, das sich in vielen Varianten verwenden lässt.

Zutaten:

- *2 500 g Tomaten*
- *100 g Zwiebeln*
- *100 g Karotten*
- *50 g Stangensellerie*
- *Olivenöl*
- *Basilikum, Oregano*
- *Salz*
- *Zucker*

Zubereitung:

Foto © Shutterstock / wallerichmercie

1 Zwiebeln, Karotten und Stangensellerie fein würfeln und in reichlich Olivenöl anbraten, bis sie leicht gebräunt sind. Zum Schluss ständig rühren, damit nichts anbrennt.

2 Tomaten grob zerkleinern, zur Gemüsemischung geben und die Hitze reduzieren. Zusätzliche Flüssigkeit ist nicht nötig.

2 Basilikum- und Oreganoblätter nach Geschmack hinzufügen und die Masse bei kleiner Hitze unter gelegentlichem Rühren etwa 1 Stunde offen köcheln lassen – gerne auch länger. Mit 1–2 TL Salz und, falls nötig, etwas Zucker abschmecken.

3 Je nach gewünschter Konsistenz mit dem Pürierstab oder im Blender fein pürieren oder durch die Flotte Lotte passieren. Das Sugo ist danach sofort verwendbar.

4 Das Sugo lässt sich problemlos einfrieren. Zur längeren Haltbarmachung kann man es erneut aufkochen und möglichst heiß in sterilisierte Gläser füllen. So hält es sich mindestens ein Jahr.

Verwendung:

Für Sauce Bolognese, Lasagne, Spaghetti Pomodoro, Pizzasauce, Aufläufe und viele Fleischgerichte – der Fantasie sind keine Grenzen gesetzt!

Foto © Shutterstock / New Africa

Tomaten-Paprika-Sauce vom Blech

Manchmal muss es schnell gehen,
und für langes Rühren bleibt keine Zeit.

Zutaten:

- *Ein tiefes Backblech*
- *Tomaten und Paprika in beliebiger Menge (so viel, dass alles auf das Blech passt)*
- *1–2 Zwiebeln, geschält und halbiert*
- *Knoblauchzehen nach Geschmack*
- *Etwas Olivenöl zum Beträufeln*
- *Salz*

Zubereitung:

1 Tomaten halbieren und mit der Schnittfläche nach unten auf ein leicht gefettetes Backblech legen. Paprikaschoten entkernen und ebenfalls darauf verteilen. Dazwischen die halbierten Zwiebeln und die gewünschte Anzahl von Knoblauchzehen legen. Alles mit Olivenöl beträufeln und mit etwas Salz würzen.

2 Im vorgeheizten Backrohr bei 160 °C Umluft etwa 35–40 Minuten backen. Zwischendurch kontrollieren, dass die Paprika nicht zu dunkel werden, gegebenenfalls umrühren. Nach dem Backen im offenen Backrohr etwas auskühlen lassen und mit dem Pürierstab oder im Standmixer zu einer sämigen Sauce verarbeiten.

3 Was nicht sofort gebraucht wird, lässt sich problemlos einfrieren oder einkochen. Dazu die heiße Masse in zuvor sterilisierte Gläser füllen.

Verwendung:

Diese Sauce eignet sich hervorragend als Pasta-Sauce. Sie lässt sich nach Belieben mit etwas Crème fraîche, Gewürzen oder Chiliflocken verfeinern und passt auch gut zu gefülltem Gemüse oder Fleischgerichten.

Foto © Shutterstock / Lana Wolf

Indische Butter-Tomaten-Sauce

Auch Exotisches darf in unserer Küche nicht fehlen. Die indische Küche mit ihren herrlichen Gewürzen hat es uns besonders angetan – daher gehört dieses Gericht zu unseren absoluten Favoriten.

Zutaten:

- *etwas Pflanzenöl*
- *80 g Butter, in 2 Portionen zu je 40 g geteilt*
- *½ Zimtstange*
- *5 Kardamomkapseln, leicht zerdrückt*
- *5 Nelken*
- *80 g Zwiebel*
- *25 g Knoblauch, gehackt*
- *25 g Ingwer, geschält und gehackt*
- *1 EL Cashew-Butter*
- *1 kg Tomaten*
- *1 TL Kurkumapulver*
- *1 TL Koriander, gemahlen*
- *1 TL Chilipulver (alternativ Paprikapulver)*
- *1 TL Garam Masala (indische Gewürzmischung)*
- *2 TL Bockshornkleeblätter*
- *150 ml Obers oder 200 ml Kokosmilch*
- *100 g Tomatenmark*

Zubereitung:

1 Etwas Pflanzenöl und 40 g Butter in einer Pfanne erwärmen. Zimt, Kardamom und Nelken hinzufügen und bei schwacher Hitze kurz anrösten, bis sie duften. Anschließend die Gewürze herausheben, in einen Teefilter geben und diesen verschließen.

2 Zwiebel, Knoblauch und Ingwer in der Fettmischung glasig dünsten. Cashew-Butter und Tomaten dazugeben und etwa 15 Minuten mitdünsten.

3 Diese Mischung anschließend in einen Behälter geben und mit dem Pürierstab oder im Standmixer fein pürieren. Die Pfanne mit einem Küchentuch auswischen.

4 Die restlichen 40 g Butter in der Pfanne erhitzen, darin die gemahlenen Gewürze (Kurkuma, Koriander, Chilipulver, Garam Masala, Bockshornkleeblätter) kurz anrösten – etwa 15 Sekunden lang. Das Gemüsepüree dazugießen, den verschlossenen Teefilter mit den Gewürzen hineinlegen und 15 Minuten köcheln lassen.

5 Anschließend Tomatenmark und Obers oder Kokosmilch hinzufügen und nochmals kurz erhitzen.

Verwendung:

Diese Sauce eignet sich hervorragend für das indische Gericht Butter-Chicken.

Dafür etwa 400–500 g Hühnerfilet in mundgerechte Stücke schneiden, leicht anbraten, mit der Sauce aufgießen und köcheln lassen, bis das Fleisch gar ist.

Für eine vegetarische Variante kann dieselbe Menge gekochtes oder blanchiertes Gemüse (z. B. Kartoffeln, Karotten, Melanzani, Zucchini, Karfiol, Brokkoli etc.) verwendet werden.

Dazu passt Basmatireis.

Literaturtipps

- *Ute Studer,* ***Tomatenlust: Die Geheimnisse der Tomatenpioniere***
  Haupt Verlag 2021, ISBN 978- 3258082363
- *Adelheid Coirazza,* ***Tomaten: 200 Sortenempfehlungen aus aller Welt***
  Formosa-Verlag, ISBN 978-3934733152
- *Adelheid Coirazza,* ***Tomaten 2: 208 Historische Tomaten und Wildsorten***
  Formosa-Verlag, ISBN 978-3934733121
- *Erich Stekovics,* ***Atlas der erlesenen Paradeiser***
  Löwenzahn Verlag, ISBN 978-3706624800
- *Erich Stekovics & Julia Kospach,* ***Gärtnern mit Paradeisern***
  Edition Koste, keine ISBN Nummer
- *Irina Zacharias & Tom Rosenberger,* ***Tomaten: Meine Leidenschaft (Einfach gut leben)***
  h.f.ullmann publishing, ISBN 978-3848011056
- *Craig LeHoullier,* ***Epic Tomatoes: How to Select and Grow the Best Varieties of All Time***
  Storey Publishing, LLC, ISBN 978-1612122083
- *Amy Goldman,* ***The Heirloom Tomato: From Garden to Table***
  Bloomsbury Publishing Plc, ISBN 978-1596912915
- *Carolyn J. Male,* ***100 Heirloom Tomatoes for the American Garden***
  Workman Pub Co, ISBN 978-0761114000
- *Jenny Linford,* ***Tomate: Kochen - Braten - Einmachen***
  Thorbecke Verlag, ISBN 978-3799506823
- *Franz-Xaver Treml,* ***Tomaten: Von, um und über ein begehrtes Früchtchen***
  Graphit, ISBN 978-3944355009

Der
TOMATENflüsterer

Thomas Seidl

Online finden Sie mich unter

www.youtube.com/@tomatenfluesterer
www.facebook.com/tomatenfluesterer
www.instagram.com/der_tomatenfluesterer
www.tomatenfluesterer.at